高职高专教育法律类专业教学改革试点与推广教材 | 总主编　金川

浙江省"十一五"重点教材

信息安全管理实务

吕韩飞　冯前进　主编

U0349969

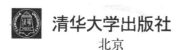

清华大学出版社
北京

http://www.hustp.com
中国·武汉

内 容 提 要

本书根据信息安全管理工作环节及相应的工作任务,选取了信息安全管理概述(学习单元1)、信息安全风险评估(学习单元2,学习单元5)、信息安全策略制定与推行(学习单元3,学习单元6)、信息安全等级保护(学习单元4,学习单元7)共四个模块,七个学习单元。第一个模块从总的角度阐述信息安全管理工作主要从哪几方面展开,另外三个模块是信息安全管理工作的实际任务,编写时分理论与实务两部分,实务部分以具体案例为载体,构建了相应的教学情境,实践操作性强。

本书主要是针对高职高专信息安全专业的学生编写的,也可作为信息安全管理方面的培训教程,可供中小企业从事信息安全管理工作的工程技术人员参考。

图书在版编目(CIP)数据

信息安全管理实务/吕韩飞,冯前进主编.—武汉:华中科技大学出版社,2011.6
(2022.7重印)

ISBN 978-7-5609-6961-9

Ⅰ.① 信… Ⅱ.① 吕… ② 冯… Ⅲ.① 信息系统-安全管理-高等职业教育-教材
Ⅳ.① TP309

中国版本图书馆 CIP 数据核字(2022)第 035576 号

信息安全管理实务
Xinxi Anquan Guanli Shiwu

吕韩飞　　冯前进　主编

策划编辑:王京图

责任编辑:王京图

封面设计:傅瑞学

责任校对:北京书林瀚海文化发展有限公司

责任监印:周治超

出版发行:华中科技大学出版社(中国·武汉)　　电话:(027)81321913
　　　　　武汉市东湖新技术开发区华工科技园　　邮编:430223

录　　排:北京星河博文文化发展有限公司

印　　刷:武汉邮科印务有限公司

开　　本:710mm×1000mm　1/16

印　　张:17

字　　数:315千字

版　　次:2022年7月第1版第2次印刷

定　　价:32.00元

总　序

　　我国高等职业教育已进入了一个以内涵式发展为主要特征的新的发展时期。高等法律职业教育作为高等职业教育的重要组成部分，也正经历着一个不断探索、不断创新、不断发展的过程。

　　2004 年 10 月，教育部颁布《普通高等学校高职高专教育指导性专业目录（试行）》，将法律类专业作为一大独立的专业门类，正式确立了高等法律职业教育在我国高等职业教育中的重要地位。2005 年 12 月，受教育部委托，司法部牵头组建了全国高职高专教育法律类专业教学指导委员会，大力推进高等法律职业教育的发展。

　　为了进一步推动和深化高等法律职业教育的改革，促进我国高等法律职业教育的类型转型、质量提升和协调发展，全国高职高专教育法律类专业教学指导委员会于 2007 年 6 月，确定浙江警官职业学院为全国高等法律职业教育改革试点与推广单位，要求该校不断深化法律类专业教育教学改革，勇于创新并及时总结经验，在全国高职法律教育中发挥示范和辐射带动作用。为了更好地满足政法系统和社会其他行业部门对高等法律职业人才的需求，适应高职高专教育法律类专业教育教学改革的需要，该校经过反复调研、论证、修改，根据重新确定的法律类专业人才培养目标及其培养模式要求，以先进的课程开发理念为指导，联合有关高职院校，组织授课教师和相关行业专家，合作共同编写了"高职高专教育法律类专业教学改革试点与推广教材"。这批教材紧密联系与各专业相对应的一线职业岗位（群）之任职要求（标准）及工作过程，对教学内容进行了全新的整合，即从预设职业岗位（群）之就业者的学习主体需求视角，以所应完成的主要任务及所需具备的工作能力要求来取舍所需学习的基本理论知识和实践操作技能，并尽量按照工作过程或执法工作环节及其工作流程，以典型案件、执法项目、技术应用项目、工程项目、管理现场等为载体，重新构建各课程学习内容、设计相关学习情境、安排相应教学进程，突出培养学生一线职业岗位所必需的应用能力，体现了课程学习的理论必需性、职业针对性和实践操作性要求。

　　这批教材无论是形式还是内容，都以崭新的面目呈现在大家面前，它在不同层面上代表了我国高等法律职业教育教材改革的最新成果，也从一个角度集中反映了当前我国高职高专教育法律类专业人才培养模式、教学模式及其教材建设改革的新趋势。我们深知，我国高等法律职业教育举办的时间不长，可资借鉴的经验和成果还不多，教育教学改革任务艰巨；我们深信，任何一项改革都是一种探索、一种担当、一种奉献，改革的成果值得我们大家去珍惜和分享；我们期待，会有越来越多的院校能选用这批教材，在使用中及时提出建议和意见，同时也能借鉴并继续深化各院校的教育教学改革，在教材建设等方面不断取得新的突破、获得新的成果、作出新的贡献。

全国高职高专教育法律类专业教学指导委员会

2008 年 9 月

前 言

为适应高职院校高素质技能型人才培养要求，我们以专业人才培养目标为导向，剖析信息安全管理工作岗位的工作环节、相应的工作任务及完成任务所需的知识、技能和情感要求，选取了信息安全管理概述、信息安全风险评估、信息安全策略制定与推行、信息安全等级保护四大教学模块。本着对企业发现信息安全问题，解决问题的思路，确定了教学模块次序。其中，教学模块 1——从总的角度阐述信息安全管理工作主要从哪几方面展开。教学模块 2——信息安全风险评估是制定信息安全策略，建立信息安全管理体系的基础；教学模块 3——信息安全策略制定与推行，根据 ISO/IEC 27002 为企业制定信息安全策略，并将策略应用、推行，是提高企业管理水平与管理能力的重要手段。教学模块 4——信息安全等级保护是当前国家正在进行的一项确保信息系统安全的重要工作。教学模块 2、3、4 编写时分理论与实务两部分，实务部分以具体案例为载体，构建了相应的教学情境，实践操作性强。

各教学模块撰稿人（以学习单元先后为序）。

教学模块 1（学习单元 1）：吕韩飞

教学模块 2（学习单元 2）：吕韩飞

教学模块 3 理论部分（学习单元 3）：冯前进

教学模块 4 理论部分（学习单元 4）：夏拥军（杭州安信检测公司）

教学模块 2 实务部分（学习单元 5）：吕韩飞

教学模块 3 实务部分（学习单元 6）：冯旭杭、刘蓝岭（杭州安恒信息技术公司）

教学模块 4 实务部分（学习单元 7）：夏拥军

附录部分：冯前进、吕韩飞、郝晋霞整理

感谢浙江省公安厅蔡林处长，浙江警官职业学院李龙景教授，凌彦副教授，他们对本书的写作提出了宝贵的意见和建议。感谢参与本书编写与资料整理的所有成员。感谢杭州安信检测技术有限公司，杭州安恒信息科技有限公司对本教材编写工作的支持。

由于编者水平有限，书中难免有疏漏和欠缺之处，敬请广大读者提出宝贵意见。

作者

2011 年 3 月

目　录

第一部分　信息安全管理理论部分

学习单元1　信息安全管理概述 ………………………………………… 3

1.1　引言 …………………………………………………………………… 3

1.2　基本概念 ……………………………………………………………… 4

　　1.2.1　信息安全 ……………………………………………………… 4

　　1.2.2　信息安全管理 ………………………………………………… 4

1.3　信息系统的安全风险 ………………………………………………… 4

　　1.3.1　物理层安全风险 ……………………………………………… 5

　　1.3.2　网络层安全风险 ……………………………………………… 5

　　1.3.3　操作系统层安全风险 ………………………………………… 5

　　1.3.4　应用层安全风险 ……………………………………………… 6

　　1.3.5　管理层安全风险 ……………………………………………… 6

1.4　信息安全评估 ………………………………………………………… 7

　　1.4.1　国际 …………………………………………………………… 7

　　1.4.2　国内 …………………………………………………………… 8

1.5　信息安全管理的思路 ………………………………………………… 8

　　1.5.1　技术角度 ……………………………………………………… 9

　　1.5.2　管理角度 ……………………………………………………… 9

1.6　思考与练习 …………………………………………………………… 10

学习单元2　信息安全风险评估 ………………………………………… 11

2.1　信息安全风险评估基本知识 ………………………………………… 11

　　2.1.1　信息安全风险评估有关要素及相关术语 ………………… 11

　　2.1.2　各风险要素间的关系 ………………………………………… 12

　　2.1.3　风险分析模型 ………………………………………………… 14

　　2.1.4　风险评估实施流程图 ………………………………………… 14

　　2.1.5　风险评估依据 ………………………………………………… 14

2.2　信息安全风险评估实施流程 ………………………………………… 16

  2.2.1 风险评估准备工作 ·················· 16
  2.2.2 资产识别 ·················· 27
  2.2.3 威胁识别 ·················· 33
  2.2.4 脆弱性识别 ·················· 46
  2.2.5 已有安全措施确认 ·················· 56
  2.2.6 风险分析 ·················· 63
  2.2.7 风险评估文件记录 ·················· 66
 2.3 风险的计算方法 ·················· 67
  2.3.1 风险矩阵测量法 ·················· 67
  2.3.2 威胁分级计算法 ·················· 68
  2.3.3 风险综合评价法 ·················· 69
  2.3.4 安全属性矩阵法 ·················· 69
 2.4 风险评估的工具 ·················· 71
  2.4.1 安全管理评价系统 ·················· 71
  2.4.2 系统软件评估工具 ·················· 73
  2.4.3 风险评估辅助工具 ·················· 74
 2.5 思考与练习 ·················· 74

学习单元3 信息安全策略制定与推行 ·················· 76
 3.1 信息安全策略 ·················· 76
  3.1.1 定义 ·················· 76
  3.1.2 信息安全策略的特性 ·················· 78
  3.1.3 策略的重要性 ·················· 78
  3.1.4 制定策略的目的 ·················· 79
  3.1.5 怎样开发策略 ·················· 80
 3.2 信息安全策略制定 ·················· 82
  3.2.1 编写信息安全策略的人员构成 ·················· 83
  3.2.2 编写信息安全策略的前期准备 ·················· 84
  3.2.3 信息安全策略的编制原则 ·················· 85
  3.2.4 信息安全策略的编制流程 ·················· 87
  3.2.5 信息安全策略的主体内容 ·················· 88
 3.3 信息安全策略审查与批准 ·················· 89
 3.4 信息安全策略推行 ·················· 89
  3.4.1 信息安全策略推行的计划与战略制定 ·················· 90

　　3.4.2　信息安全策略推行方法 ·············· 93
　3.5　思考与练习 ························· 97

学习单元4　信息安全等级保护 ·············· 98
　4.1　信息安全等级保护背景介绍 ·············· 98
　4.2　信息安全保护等级的划分 ··············· 99
　4.3　信息安全等级保护实施流程 ·············· 100
　　4.3.1　信息安全保护等级的定级流程 ·········· 100
　　4.3.2　定级评审和备案 ················· 109
　　4.3.3　信息系统安全等级的测评 ············ 109
　　4.3.4　信息系统的整改建设 ·············· 125
　4.4　等级保护与信息安全风险评估的关系 ········· 132
　4.5　思考与练习 ····················· 133

第二部分　实务部分

学习单元5　信息安全风险评估实务 ············· 137
【学习情境1】常青公司OA系统信息安全风险评估 ······ 137
　5.1　步骤一：风险评估准备 ················ 137
　　5.1.1　风险评估的目标 ················· 137
　　5.1.2　范围 ······················ 137
　　5.1.3　评估管理与实施团队 ·············· 137
　　5.1.4　系统调研 ···················· 138
　　5.1.5　评估方式 ···················· 140
　　5.1.6 最高管理者的支持 ················ 141
　5.2　步骤二：资产识别 ·················· 141
　　5.2.1　资产清单 ···················· 141
　　5.2.2　资产赋值 ···················· 143
　　5.2.3　资产分级 ···················· 145
　5.3　步骤三：威胁识别 ·················· 147
　　5.3.1　安全威胁 ···················· 147
　　5.3.2　OA系统威胁识别 ················ 148
　5.4　步骤四：脆弱性识别 ················· 152
　　5.4.1　技术脆弱性识别 ················· 152

    5.4.2　管理脆弱性识别 ······················· 154

  5.5　步骤五：风险分析 ······························· 155

    5.5.1　风险计算方法 ························· 155

    5.5.2　风险分析 ······························· 158

    5.5.3　风险统计 ······························· 164

  5.6　技能与实训 ····································· 165

学习单元 6　信息安全策略制定与推行实务 ··············· 166

  【学习情境 2】常青公司信息安全策略制定与推行 ········· 166

  6.1　步骤一：企业信息安全现状与需求分析 ··········· 166

    6.1.1　企业信息安全现状分析 ··············· 166

    6.1.2　企业信息安全需求 ··················· 168

  6.2　步骤二：信息安全策略制定 ····················· 170

    6.2.1　信息安全目标与方针 ················· 170

    6.2.2　信息安全组织策略 ··················· 171

    6.2.3　资产管理策略 ······················· 173

    6.2.4　人力资源安全策略 ··················· 174

    6.2.5　物理与环境安全策略 ················· 175

    6.2.6　通信与操作管理策略 ················· 177

    6.2.7　访问控制策略 ······················· 181

    6.2.8　信息系统获取开发与维护策略 ········· 186

    6.2.9　信息安全事件管理策略 ··············· 190

    6.2.10　业务连续性管理策略 ················ 191

    6.2.11　合规性策略 ························· 192

  6.3　步骤三：信息安全策略审查与批准 ··············· 194

  6.4　步骤四：信息安全策略推行 ····················· 196

  6.5　技能与实训 ····································· 197

学习单元 7　信息安全等级保护实务 ····················· 198

  【学习情境 3】滨海市电子政务系统信息安全等级测评 ····· 198

  7.1　步骤一：信息系统概况分析 ····················· 198

    7.1.1　系统概况 ······························· 198

    7.1.2　系统边界 ······························· 198

    7.1.3　业务流程分析 ························· 198

7.2　步骤二：等级确定 ……………………………………… 199
　　7.2.1　确定定级对象 …………………………………… 199
　　7.2.2　确定侵害的客体和严重程度 …………………… 200
　　7.2.3　确定系统安全的等级 …………………………… 200
7.3　步骤三：定级评审和备案 ……………………………… 201
7.4　步骤四：安全等级测评 ………………………………… 201
　　7.4.1　确定测评对象 …………………………………… 201
　　7.4.2　确定测评指标 …………………………………… 203
　　7.4.3　扫描接入点规划与实施 ………………………… 204
　　7.4.4　单元测评结果 …………………………………… 205
　　7.4.5　整体测评结果 …………………………………… 212
7.5　步骤五：安全等级整改 ………………………………… 213
　　7.5.1　立即整改的内容 ………………………………… 214
　　7.5.2　长期整改的内容 ………………………………… 215
7.6　技能与实训 ……………………………………………… 215

附录 A　信息系统安全等级保护定级报告 ………………… 216
附录 B　信息系统安全等级保护备案表 …………………… 218
附录 C　信息技术　安全技术　信息安全管理体系　要求
　　　　（征求意见稿）…………………………………… 224

参考书目 …………………………………………………… 257

第一部分

信息安全管理理论部分

学习单元1 信息安全管理概述

【学习目的与要求】

了解信息系统面临的安全风险，了解信息安全风险国际与国内的相关评估标准，以及技术和管理两方面信息安全管理的思路。

1.1 引言

2010 年 7 月 2 日是广东省高考 490 分以上分数考生填报高考志愿并予以确认的最后一天，当天中午 12 时左右，"广东省 2009 年普通高考志愿填报系统"出现网络拥塞，无法访问，直至当日 14 时 29 分，系统才恢复正常。

2010 年 11 月 29 日 11:50，杭州萧山机场离港系统发生故障，直至13:40 故障排除，期间共影响 16 个航班正常起飞，造成千名旅客滞留，经查，事件发生的原因为机场离港系统"Seats 服务器应用故障"，经技术人员采用备份程序进行修补后，系统恢复运行。[1]

以上是 2010 年发生的两起有较大影响的信息安全事件。当今，信息系统正在成为国家的关键性基础设施，信息安全的重要性日益突出。与此同时，防火墙、漏洞扫描、病毒防治、数据加密、身份认证等各种信息安全技术和产品的不断涌现，容易给人们造成一种错觉，似乎足够的安全技术和产品就能够完全确保信息系统的安全。其实不然，一方面，许多安全技术和产品远远没有达到人们需要的水准。例如，微软的 Windows NT、IBM 的 AIX 等常见的企业级操作系统，不断地被发现存在安全漏洞，而且核心技术和知识产权都是国外的，不能满足国家涉密信息系统或商业敏感信息系统的需求。另一方面，即使某些安全技术和产品在指标上达到了实际应用的某些安全需求标准，如果配置和管理不当，还是不能真正地实现这些安全需求。例如，即使在网络边界部署了防火墙，但出于风险分析欠缺、系统管理人员经验不足等原因，防火墙的配置出现严重漏洞，其安全功效将大打折扣。再如，虽然引入了身份认证机制，但由于用户安全意识薄弱，再加上管理不严，使得口令设置或保存不当，造成口令泄露，那么依靠口令检查的身份认证机制会完全失效。

上述这些告诉我们，仅靠技术不能获得整体的信息安全，需要有效的安全管理来支持和补充，才能确保技术发挥其应有的安全作用，真正实现整体的信息安全。"三分技术，七分管理"这个在其他领域总结出来的实践经验和原则，在信息领域更是如此。

本书将从信息安全风险评估入手，找出信息安全问题；通过制定并推行信息安全策略从管理上解决信息安全问题；通过开展信息安全等级保护工作；掌握如何在我国开展信息安全工作。

1.2　基本概念

1.2.1　信息安全

信息安全是指采取措施保护信息网络的硬件、软件及其系统中的数据，使之不因偶然的或者恶意的原因而遭受破坏、更改、泄露，保证信息系统能够连续、可靠、正常地运行。

信息安全是一门涉及网络技术、数据库技术、密码技术、信息安全技术、通信技术、应用数学、信息论等多种学科的综合性学科。

信息安全本身包括的范围很广，大到国家军事政治等机密安全，小到防范青少年对不良信息的浏览以及个人信息的泄露等。

1.2.2　信息安全管理

信息安全管理是通过维护信息的机密性、完整性和可用性等来管理和保护信息资产的安全与业务持续性的一项体制，是对信息安全保障进行指导、规范和管理的一系列活动和过程。

信息安全管理是信息安全保障体系建设的重要组成部分，对于保护信息资产、降低信息系统安全风险、指导信息安全体系建设具有重要作用。

信息安全管理涉及信息安全的各个方面，包括制定信息安全政策、风险评估、控制目标与方式选择、制定规范的操作流程、对人员进行安全意识培训等一系列工作。

1.3　信息系统的安全风险[2]

信息安全问题可以划分成物理层安全、网络层安全、系统层安全、应用层安全、管理层安全 5 个层次，有以下安全风险。

1.3.1　物理层安全风险

物理层安全包括通信线路的安全、物理设备的安全、机房的安全等，主要体现在通信线路的可靠性（线路备份、网管软件、传输介质），软硬件设备安全性（替换设备、拆卸设备、增加设备），设备的备份，防灾害、防干扰能力，设备的运行环境（温度、湿度、烟尘），不间断电源保障，等等。

具体地说，物理层安全风险主要有以下几个方面：

（1）地震、水灾、火灾等环境事故造成的设备损坏。

（2）电源故障造成设备断电，导致操作系统引导失败或数据库信息丢失。

（3）设备被盗、被毁造成数据丢失或信息泄露。

（4）电磁辐射可能造成的数据信息被窃取或偷阅。

（5）监控和报警系统的缺乏或者管理不善可能造成的原本可以防止的事故。

1.3.2　网络层安全风险

网络层安全主要体现在网络方面的安全性，包括网络层身份认证，网络资源的访问控制，数据传输的保密与完整性，远程接入的安全，域名系统的安全，路由系统的安全，入侵检测的手段，网络设施防病毒等。网络层常见的安全系统有防火墙系统、入侵检测系统、VPN 系统、网络蜜罐等。

网络层安全风险主要有以下方面：

（1）**数据传输风险分析**。数据在传输过程中，线路搭载、链路窃听可能造成数据被截获、窃听、篡改和破坏，数据的机密性、完整性无法保证。

（2）**网络边界风险分析**。如果在网络边界上没有强有力的控制，外部的黑客就有可能侵入内部网络，从而获取各种数据和信息，泄露问题就无法避免。

（3）**网络服务风险分析**。一些信息平台运行 Web 服务、数据库服务等，如不防范，各种网络攻击可能对业务系统造成干扰、破坏，如最常见的拒绝服务攻击 DoS、DDoS。

1.3.3　操作系统层安全风险

该层次的安全问题来自网络内使用的操作系统，如 Windows NT、Windows 2000 等。系统层安全主要表现在三方面，一是操作系统本身的缺陷带来的不安全因素，主要包括身份认证、访问控制、系统漏洞等；二是对操作系统的安全配置问题；三是病毒对操作系统的威胁，病毒大多利用操作系统本身的漏洞，通过网络迅速传播。

1.3.4　应用层安全风险

应用层的安全主要考虑所采用的应用软件和业务数据的安全性，包括数据库软件、Web 服务、电子邮件系统等。此外，还包括病毒对系统的威胁，因此要使用防病毒软件。

应用层安全风险包括以下三个：

1. 业务服务安全风险

在信息系统上运行着用于业务数据交互和信息服务的重要应用服务，如果不加以安全保护，不可避免地会遭受到来自网络的威胁、入侵、病毒的破坏，以及数据的泄露。

2. 数据库服务器的安全风险

信息系统通常需要数据库服务器提供业务服务，数据库服务器的安全风险包括：

（1）非授权用户的访问或通过口令猜测获得系统管理员权限。

（2）数据库服务器本身存在漏洞容易受到攻击。

（3）数据库由于意外而导致数据错误或者不可恢复等。

3. 信息系统访问控制风险

对于信息系统来说，在没有任何访问控制的情况下，非法用户的非法访问可能给信息系统造成严重的干扰和破坏。因此，要采取一定的访问控制手段，防范来自非法用户的攻击，严格控制合法用户才能访问合法资源，以防范如下风险：

（1）非法用户非法访问。

（2）合法用户非授权访问。

（3）假冒合法用户非法访问。

1.3.5　管理层安全风险

管理层安全是网络安全得到保证的重要组成部分，是防止来自内部网络入侵必需的部分。责权不明、管理混乱、安全管理制度不健全以及缺乏可操作性等都可能引起管理安全的风险。

信息系统从数据的安全性、业务服务的保障性和系统维护的规范性等角度，都需要严格的安全管理制度，从业务服务的运营维护和更新升级等层面加强安全管理能力。

1.4 信息安全评估

由于信息及信息技术固有的敏感性和特殊性，信息产品是否安全，由这些产品构成的网络系统是否可靠，都成为国家、企业及社会各方面需要科学证实的问题。为此各国政府纷纷颁布相关标准，通过信息技术安全评估，对信息系统实行严格管理。信息技术安全评估成为信息化进程中的一个重要领域，受到各界的广泛关注。

1.4.1 国际[3]

在 20 世纪 60 年代后期，美国国防部（DoD）开始对计算机安全评估标准进行研究，其中第一个较为成熟、具有较大影响的是 1985 年发布的"可信计算机系统评估准则"（TCSEC，又称桔皮书）。提出 TCSEC 的初衷是针对操作系统的安全性进行评估，后来 DoD 又发布了可信数据库解释、可信网络解释等一系列相关的说明和指南，由于这些文档发行时封面均为不同的颜色，故常被称为"彩虹系列"。

TCSEC 共分为 4 类 7 级，桔皮书对每一级都定义了功能要求和保证要求，也就是说要符合某一安全级要求，必须既满足功能要求，又满足保证要求。为了使计算机系统达到相应的安全要求，计算机厂商要花很长时间和资金。计算机技术发展得如此迅速，有时当某产品通过级别论证时，该产品已经过时了。

20 世纪 90 年代初，欧洲四国（英、法、德、荷）在吸收了 TCSEC 的成功经验的基础上，提出了"信息技术安全评估准则（ITSEC）"，俗称白皮书，其中首次提出了信息安全的保密性、完整性及可用性等概念，把可信计算机的概念提高到可信信息技术的高度。

加拿大在 1988 年开始制定"加拿大可信计算机产品评估准则（CTCPEC）"，1989 年 5 月公布第一版，并在结合 TCSEC 与 ITSEC 的基础上，于 1993 年 1 月公布了第三版。

1993 年，美国对 TCSEC 作了补充和修改，制定了"组合的联邦标准"（简称 FC）。

在 1993 年 6 月，CTCPEC、FC、TCSEC 和 ITSEC 的发起者开始联合起来，将各自独立的标准组合成一个单一的、能被广泛使用的 IT 安全准则。这一行动被称为 CC 项目，它的目的是解决原标准中出现的概念和技术上的差异，并把结果作为国际标准提交给 ISO。这些发起组织包括六国七方，即加拿大、法国、德国、荷兰、英国、美国国家标准技术研究所（NIST）及美国安全局（NSA）。

　　CC 2.1 版于 1999 年发布，并被 ISO 采纳作为国际标准 ISO 15408 发布。CC 虽然在 ISO 行文中的正式名称应为"信息技术安全评估准则"，但出于历史的和连续性的目的，ISO/IEC 第一联合技术委员会已经同意在文档中继续使用"通用准则（CC）"这一术语。图 1-1 展示了安全评估标准的发展历程。

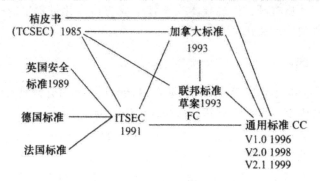

图 1-1　安全评估标准的发展历程

1.4.2　国内

　　我国在信息安全产品与系统评估的研究与应用方面与其他先进的国家有一定的差距。为提高我国计算机信息系统安全保护水平，1999 年 9 月国家质量技术监督局发布了国家标准 GB-17859-1999《计算机信息安全保护等级划分准则》，该标准是我国计算机信息系统保护等级系列标准的第一部分。该标准的制定参照了美国的 TCSEC 及 TNI。另外，自 CC1.0 版公布后，我国相关部门就一直密切关注着它的发展情况，并对该版本做了大量的研究工作。2001 年 3 月，国家质量技术监督局正式颁布了援引 CC 的国家标准 GB-18336-2001《信息技术　安全技术　信息技术安全性评估准则》。

　　安全评估在信息安全技术中具有重要的地位，它是采用多种方法对信息系统可能存在的风险进行评估，找出可能存在的安全隐患，以便及早采取措施，保护系统信息资源。安全评估也称为信息安全风险评估，在学习单元 2 中将对我国开展的信息安全风险评估工作作详细介绍。

1.5　信息安全管理的思路

　　我国的信息安全管理是以信息安全等级保护制度为主线，重视技术，突出管理。

1.5.1 技术角度

目前常用的信息安全技术和信息安全产品种类繁多，防火墙、入侵检测、Web 防御、数据库审计、漏洞扫描、防病毒系统、CA、网络准入系统，在信息系统中，不必要也不可能使用上所有的信息安全技术，信息安全技术的选择要遵循以下原则[4]：

1. 策略指导原则

所有的信息安全管理活动都应该在统一的策略指导下进行。应按照等级保护的要求，不同等级的系统使用不同的安全技术手段。

2. 适度安全原则

要平衡安全控制的费用与风险危险的损失，注重实效，将风险降至用户可接受的程度即可，没有必要追求绝对的、高昂代价的安全，实际上也没有绝对的安全。

3. 立足国内原则

考虑到国家安全和经济利益，安全技术和产品首先要立足国内，不能未经许可、未能消化改造直接使用境外的安全产品和设备，特别是信息安全方面的关键和核心技术的产品尤其如此。

4. 成熟技术原则

尽量选用成熟的技术，以得到可靠的安全保证。采用新技术时要慎重，要重视其成熟的程度。

5. 规范标准原则

要尽量选用遵循统一的规范和技术标准的安全产品，以保证互联通和互操作，否则，就会形成一个个安全孤岛，没有统一的整体安全可言。例如，不同种类的防火墙产品的日志格式不尽相同，而某些日志审计设备只能审计通用日志（如 syslog 日志），日志是 syslog 日志的防火墙才能将日志导入到审计系统进行审计。

1.5.2 管理角度

技术不是万能的。近年来发生的一些信息安全事故，往往不是缺少必要的信息安全设备，而是缺少有效的管理，在信息系统中制定和推行信息安全策略是有效进行信息安全管理的重要一环，本书学习单元 3、6 将详细介绍这部分的内容。另外，我国当前正在进行的一项确保信息系统安全的重要工作是信息安全等级保护，以 1994 年《中华人民共和国计算机信息系统安全保护条例》为开始，在 2008 年开始了全面实施。本书学习单元 4、7 将对信息安全等级保护作专门介绍。

近年来，我国信息安全管理工作取得了明显成效，保障了国家重要信息系统的正常运行，以下总结了近年来开展的一些信息安全管理工作，希望能给读者一些感性的认识和了解。

1. 制度建设

制度建设是信息安全体系建设中的重要一环。通过制度建设，能够明确安全责任，增强责任意识。重要的信息系统几乎都建立有各种信息安全制度，如机房管理制度、计算机使用规定、网站管理规定等。

2. 开展信息安全宣传、教育、培训

人是网络信息系统安全保障的第一道防线。通过举办学习班、专题讲座、印发信息安全宣传手册、图片展览、信息安全论文比赛等形式，提高信息安全意识，增强保护信息安全的责任感。

2010 年 6 月，某某省开展了以"保世博盛会，建平安网络"为主题的信息安全宣传月活动，通过深入社区、深入学校、深入群众，广泛宣传信息网络安全风险与防范常识，广泛宣传文明守法上网和文明依法办网的行为准则，取得了非常好的效果。

3. 信息安全应急演练

信息安全应急演练能够检验应急预案是否有效，发现信息安全保障和应急工作中存在的不足，锻炼应急指挥和保障队伍，提高应急响应能力。

4. 信息安全通报工作

我国设立了专门机构负责信息安全通报工作。某某省的网络与信息安全通报中心设在省公安厅网警总队，负责各成员单位和主管部门网络与信息安全、信息汇总和反馈工作。

开展信息安全通报工作有利于各部门间安全信息渠道的接收、汇总，及时了解国际信息网络安全动态和国内信息安全状况；将分析、汇总和预判结果及时报告省委、省政府和省信息化工作领导小组，必要时向社会发布预警信息；组织专门人员和有关专家，对涉及网络与信息安全信息的性质、危害程度和可能影响范围进行分析、研判和评估。

1.6 思考与练习

1. 信息系统的安全风险有哪些？
2. 为什么要进行信息安全风险评估？
3. 为什么要进行信息安全等级保护？

学习单元 2　信息安全风险评估

【学习目的与要求】

了解并掌握信息安全风险评估的概念、策略、流程以及方法，了解信息安全风险评估相关的标准。

2.1　信息安全风险评估基础知识

2.1.1　信息安全风险评估有关要素及相关术语

1. 资产

资产（Asset）是对组织具有价值的信息资源，是安全策略保护的对象。

2. 资产价值

资产价值（Asset Value）是指资产的重要程度或敏感程度。资产价值是资产的属性，也是进行资产识别的主要内容。

3. 威胁

威胁（Threat）是指可能对资产或组织造成损害的潜在原因。威胁可以通过威胁主体、资源、动机、途径等多种属性来刻画。

4. 脆弱性

脆弱性（Vulnerability）是指可能被威胁利用对资产造成损害的薄弱环节。

5. 信息安全风险

信息安全风险（Information Security Risk）是指人为或自然的威胁利用信息系统及其管理体系中存在的脆弱性导致安全事件及其对组织造成的影响。

6. 信息安全风险评估

信息安全风险评估（Information Security Risk Assessment）是指依据有关信息安全技术与管理标准，对信息系统及由其处理、传输和存储的信息的机密性、完整性和可用性等安全属性进行评价的过程。它要评估资产面临的威胁以及威胁利用脆弱性导致安全事件的可能性，并结合安全事件所涉及的资产价值来判断安全事件一旦发生对组织造成的影响。

7. 残余风险

残余风险（Residual Risk）是指采取了安全措施后，仍然可能存在的风险。

8. 机密性

机密性（Confidentiality）是指使信息不泄露给未授权的个人、实体、过程或不使信息为其利用的特性。

9. 完整性

完整性（Integrality）是指保证信息及信息系统不会被有意地或无意地更改或破坏的特性。

10. 可用性

可用性（Availability）是指可以由得到授权的实体按要求进行访问和使用的特性。

11. 业务战略

业务战略（Business Strategy）是指组织为实现其发展目标而制定的规则。

12. 安全事件

安全事件（Security Event）是指威胁利用脆弱性产生的危害情况。

13. 安全需求

安全需求（Security Requirement）是指为保证组织业务战略的正常运作而在安全措施方面提出的要求。

14. 安全措施

安全措施（Security Measure）是指保护资产、抵御威胁、减少脆弱性、降低安全事件的影响，以及打击信息犯罪而实施的各种实践、规程和机制的总称。

15. 自评估

自评估（Self－assessment）是指由组织自身发起，参照国家有关法规与标准，对信息系统及其管理进行的风险评估活动。

16. 检查评估

检查评估（Inspection Assessment）是指由被评估组织的上级主管机关或业务主管机关发起的，依据国家有关法规与标准，对信息系统及其管理进行的具有强制性的检查活动。

2.1.2 各风险要素间的关系

各风险要素关系模型如图 2-1 所示。

信息是一种资产，资产所有者应对信息资产进行保护，通过分析信息资产的脆弱性来确定威胁可能利用哪些弱点来破坏其安全性。风险评估要识别资产相关要素的关系，从而判断资产面临的风险大小。

风险评估中各要素的关系如图 2-1 所示。

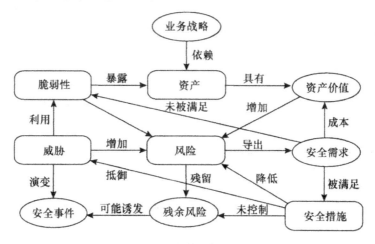

图 2-1 风险要素关系图

图 2-1 中方框部分的内容为风险评估的基本要素，椭圆部分的内容是与这些要素相关的属性。风险评估围绕其基本要素展开，在对这些要素的评估过程中需要充分考虑业务战略、资产价值、安全需求、安全事件、残余风险等与这些基本要素相关的各类属性。

图 2-1 中的风险要素及属性之间存在着以下关系：

（1）业务战略依赖资产去实现。

（2）资产是有价值的，组织的业务战略对资产的依赖度越高，资产价值就越大。

（3）资产价值越大则其面临的风险越大。

（4）风险是由威胁引发的，资产面临的威胁越多则风险越大，并可能演变成安全事件。

（5）弱点越多，威胁利用脆弱性导致安全事件的可能性就越大。

（6）脆弱性是未被满足的安全需求，威胁要通过利用脆弱性来危害资产，从而形成风险。

（7）风险的存在及对风险的认识导出安全需求。

（8）安全需求可通过安全措施得以满足，需要结合资产价值考虑实施成本。

（9）安全措施可抵御威胁，降低安全事件发生的可能性，并减少影响。

（10）风险不可能也没有必要降为零，在实施了安全措施后还会有残留下来的风险。有些残余风险来自于安全措施可能不当或无效，在以后需要继续控制，而有些残余风险则是在综合考虑了安全成本与效益后未控制的风险，是可以被接受的。

（11）残余风险应受到密切监视，它可能会在将来诱发新的安全事件。

2.1.3　风险分析模型

风险分析模型如图 2-2 所示。

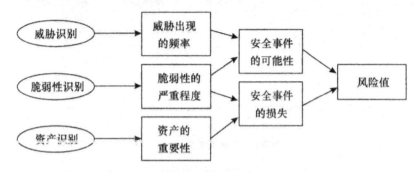

图 2-2　风险分析模型图

风险分析中要涉及资产、威胁、脆弱性等基本要素。每个要素有各自的属性，资产的属性是资产价值；威胁的属性是威胁出现的频率；脆弱性的属性是资产弱点的严重程度。风险分析主要内容为：

（1）对资产进行识别，并对资产的重要性进行赋值。

（2）对威胁进行识别，描述威胁的属性，并对威胁出现的频率赋值。

（3）对资产的脆弱性进行识别，并对具体资产的脆弱性的严重程度赋值。

（4）根据威胁和脆弱性的识别结果判断安全事件发生的可能性。

（5）根据脆弱性的严重程度及安全事件所作用资产的重要性计算安全事件的损失。

（6）根据安全事件发生的可能性以及安全事件的损失，计算安全事件一旦发生对组织的影响，即风险值。

2.1.4　风险评估实施流程图

图 2-3 给出风险评估的实施流程，2.2 节将围绕风险评估流程阐述风险评估各具体实施步骤。

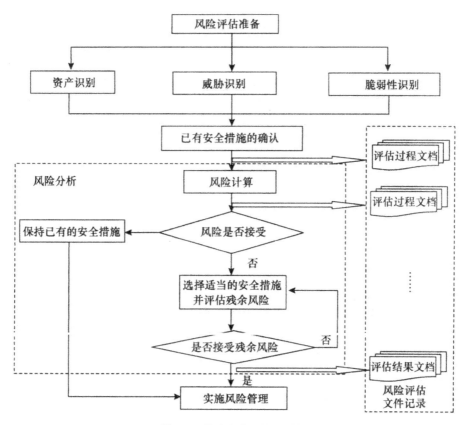

图 2-3 风险评估实施流程图

2.1.5 风险评估依据

风险评估依据国家政策法规、技术规范与管理要求、行业标准或国际标准进行，主要包括以下内容：

1. 政策法规

(1)《国家信息化领导小组关于加强信息安全保障工作的意见》（中办发[2003] 27 号）。

(2)《国家网络与信息安全协调小组关于开展信息安全风险评估工作的意见》（国信办[2006] 5 号）。

2. 国际标准

(1) 国际信息安全管理标准 BS 7799。

(2) ISO/IEC TR 13335《信息技术安全管理指南》。

(3) SSE-CMM《系统安全工程能力成熟模型》。

3. 国家标准

(1) GB 17859—1999《计算机信息系统安全保护等级划分准则》。

(2) GB/T 18336:1~3:2001《信息技术安全性评估准则》。

(3) GB/T 20984—2007《信息安全风险评估规范》

4. 行业通用标准

(1) CVE 公共漏洞数据库。

(2) 信息安全应急响应机构公布的漏洞。

(3) 国家信息安全主管部门公布的漏洞。

5. 其他

2.2 信息安全风险评估实施流程

信息安全风险评估是从风险管理角度，运用科学的方法和手段，系统地分析网络与信息系统所面临的威胁及其存在的脆弱性，评估安全事件一旦发生可能造成的危害程度，为防范和化解信息安全风险，或者将风险控制在可接受的水平，制定有针对性的抵御威胁的防护对策和整改措施以最大限度地保障网络和信息安全提供科学依据。

在信息化建设中，各类应用系统及其赖以运行的基础网络、处理的数据和信息是业务实现的保障，由于其可能存在软硬件设备缺陷、系统集成缺陷等，以及信息安全管理中潜在的薄弱环节，都将导致不同程度的安全风险。

信息安全风险评估可以不断地、深入地发现信息系统建设、运行、管理中的安全隐患，并为增强安全性提供有效建议，以便采取更加经济、更加有力的安全保障措施，提高信息安全的科学管理水平，进而全面提升网络与信息系统的安全保障能力。

信息安全风险评估在具体实施中一般包括风险评估的准备活动，对信息系统资产、面临威胁、存在脆弱性的识别，对已采取安全措施的确认，对可能存在的信息安全风险的识别等环节。下面对各具体步骤进行详细描述。

2.2.1 风险评估准备工作

风险评估准备工作是实施风险评估的前提，只有有效地进行了信息安全风险评估准备，才能更好地开展信息安全风险评估。由于实施信息安全风险评估，涉及组织的业务流程、信息安全需求、信息系统规模、信息系统结构等各方面内容，因此开展信息安全风险评估的准备活动，通过确定目标、进行调研、获得组织高层管理者对评估的支持等，对有效实施风险评估是十分必要的。

风险评估的准备活动包括：

（1）确定风险评估的目标。

（2）确定风险评估的范围。

（3）组建评估管理团队和评估实施团队。

（4）进行系统调研。

（5）确定评估依据和方法。

（6）获得最高管理者对风险评估工作的支持。

（7）准备相关的评估条件。

（8）项目启动和培训。

1.　确定风险评估的目标

首先需要确定风险评估的目标。信息安全需求是一个组织为保证其业务正常、有效运转而必须达到的信息安全要求，通过分析组织必须符合的相关法律法规、组织在业务流程中对信息安全的机密性、完整性、可用性等方面的需求，来确定风险评估的目标。

具体有如下三个方面：

（1）了解信息安全现状

组织通过信息安全风险评估活动能够得出全面的信息安全全景视图。通过对信息资产的识别，组织可以明确当前最需要保护的对象以及保护对象的优先级次序；威胁识别则以威胁视图的形式，让组织明确所面临的信息安全威胁，这些威胁有可能来自于外部（如 Internet 或第三方），也有可能来自于组织内部；脆弱性识别能够让组织得到当前信息系统漏洞的最新统计信息和分布情况；安全控制措施的识别与确认，可以清晰地描述出当前的安全体系以及已经实现或还缺乏的安全控制措施；风险分析则将上述要素综合在一起进行关联性分析，从组织业务和战略的角度，而不仅仅是从信息技术角度，去描述和量化组织所面临的信息安全风险。

（2）辅助管理层决策

组织的管理人员对信息安全的关注，不仅仅局限在了解现状。组织的高层领导或 CIO 都希望能够将有限的资金和人力，投入在信息安全最迫切需要的环节，来获取最大化的安全收益。而信息安全风险评估活动，恰恰可以帮助他们实现这种愿望。在风险评估识别阶段完成以后，风险的主要构成要素均已被识别。在风险分析阶段，这些要素将被以资产为核心，构成一系列清晰的威胁场景，然后重点分析这些威胁场景一旦发生可能会对组织造成的影响及其发生的可能性。经过对信息安全风险的描述、量化和展现，被评估组织管理层可以从组织战略和业务的高度，全面了解信息安全风险，而并非仅仅是从 IT 层面；而且，评估活动除了提交风险评估报告以外，通常还会附有相应的风险控制建议—对后续的安全投资决策和制定详细的风险削减计划将有很强的辅助作用。在风险控制活动完成以后，一般可以通过再次评估，来检验风险降低的实际效果以及是否会有新的安全风险出现。

（3）强制符合性检查

组织为了满足某些外部或内部的强制要求，需要进行风险评估活动。外部强制要求包括法律、强制性标准、行业规范等；内部要求通常是组织自身的信息安全策略或有关信息安全的规定。目前出于此类目的而进行的风险评估的案例有很多：例如涉密信息系统的使用单位，需要定期或不定期地接受国家保密局或地方保密机关的保密安全检查，检查的依据是国家保密局颁发的 BMZ 系列指南和 BMB 系列标准。因此有些政府单位会每年进行风险评估，其主要目的就是检验对于上述保密要求的符合性。另外，企业如果计划到海外上市，就必须满足上市公司的有关信息安全法律条款的要求。

2. 确定风险评估的范围

在实施风险评估前，需要确定风险评估的范围。风险评估的范围，包括组织内部与信息处理相关的各类软硬件资产、相关的管理机构和人员、所处理的信息等各方面。实施一次风险评估的范围可大可小，需要根据具体评估需求确定，可以对组织全部的信息系统进行评估，也可以仅对关键业务流程进行评估，也可以对组织的关键部门的信息系统进行评估等。

早期的风险评估活动，更多的只是对脆弱性进行评估。然而，随着风险评估的不断发展，以及信息技术对企业的发展影响越来越重要，现在评估工作往往围绕企业的业务来开展。在评估流程中需要识别信息资产、威胁、脆弱性、安全控制措施（技术、管理、运行）等诸多要素，还需要紧密结合被评估组织的核心业务及其他重要关注领域进行影响分析。因此，现在已经很难从信息系统本身来界定评估的范围；而从业务的角度来划定评估范围显然更加合理，也更具有可操作性。

在划定评估范围时，只有从组织的业务入手，才能把安全策略、组织和人员、安全管理和操作实践以及信息系统本身等风险评估需要考虑的各个方面有机地结合起来，也只有从业务层面入手，分析阶段中的分析工作，才更加具有实际意义。

在实际工作中，初次进行风险评估的组织，通常基于业务安全因素的考虑，首先选择非重要的业务及信息系统进行评估。当确认风险评估的实际效果后，才会逐步将核心业务纳入评估的范围。

一旦确定了需要评估的业务范围，那么评估活动也就从以下四个方面确定了相应的评估范畴。

（1）信息系统

业务系统被选定后，支撑该业务运转的信息系统也随之被确定。在风险评估的识别阶段，需要识别的信息资产、威胁、脆弱性以及已有安全措施等重要信息，都直接或间接地来自于系统本身。其中，资产可以在信息系统中找到其所在的位置；部分威胁信息可以从信息系统各种类型的日志中分析提取；脆弱性肯定与信息系统密切相关；各种安全技术控制措施也能够在信息系统中找到相应的位置。为了避免发生疏漏，可以在业务流程图中标明评估区域或设备。在描述信息系统的评估范围时，为了避免重复和遗漏，应当按照不同层次，对实体资产进行详细分类和列表。如物理和环境等辅助设施应包括：

网络设施，包括网络设备（路由器、交换机、光端机、调制解调器、电源系统等）、线路（综合布线、网络接入线路）和网络基础服务；

安全设施，包括相应的服务器、终端程序、控制台等设备；

服务主机，包括操作系统、应用程序和业务数据；

客户端设备，包括系统和内部应用程序、数据等；

安全策略，包括访问控制策略、入侵检测（防御）策略、病毒防御策略、安全审计策略、数据传输加密策略等。

策略评估通常侧重于两个方面：一是检查策略文档本身的完备性、体系化、可执行性和效力等方面；二是策略的符合性检查，即检查当前安全实践活动是否与安全策略的要求之间存在差距。一旦确定了参与评估的业务范围，就能够从当前安全策略文档体系中，抽取出有关安全策略文档，即只针对适用于选定业务的策略文档进行评估。

在实际评估工作中，并不是所有被评估组织都已经具有完备的策略体系，但通常会有有关安全或保密的规定，而且并不是所有评估项目都需要进行策略评估。虽然如此，还是强烈建议评估单位能够获得所有策略文档，因为这样有助于从策略文档中发现一些对评估工作十分有用的信息：如高层管理者对信息安全的期望或担忧有哪些、哪些信息资产是被评估组织重点关注的、被评估组织已经考虑到哪些威胁等。

（2）组织结构和人员范围

任何被评估组织都会具有一定的组织架构和人员分工。实际上只有人是信息安全活动的主体，每个人承担着特定的业务职责以及相应的信息安全职责。由人构成一个个部门，然后再按照业务流程，不同的部门构成层次化组织结构，大型的组织通常会具有多级别的结构层次。被评估组织的信息安全程序以及具体的操作过程，都是建立在其特有的组织架构和人员分工的基础上。现在的信息安全风险评估，已经不仅仅只是单纯的技术，这个评估活动会更加关心安全管理、整体安全、安全体系建设等方面的内容（对照安全管理标准、安全最佳实践或被评估组织的安全策略）。

（3）安全管理与操作实践

针对安全管理与操作实践的评估活动，一般设在评估流程中的安全控制措施的识别与确认环节。安全控制措施一般可以分为：安全技术控制措施、安全管理控制措施和安全操作控制措施三类。就算有再好的技术控制措施，如果没有有效的管理和操作过程做保障，也还是无法发挥其应有的效用。实际工作中，当前面提到的信息系统的组织和人员的范围确定后，也就从客体和主体两个角度，确定了安全管理与操作的范围。

（4）物理范围

业务范围一旦被确定，评估活动所要检查的地理范围也随之被确定。但如果是具有较广地域分布的大型组织，并且不同地点的业务具有相对较强的独立性，就需要在地理空间上明确哪些具体地点属于评估的范围。如：由省局组织的安全评估可以涉及到全省各市、县局，县局的安全评估可由市局来牵头组织。

除了上面所述的从业务方面入手，明确信息系统范围、组织结构范围、安全策略范围、安全管理与操作的范围以及地理范围外，还应该从时间上限定评估工作的历时跨度。通常应在保证评估质量的前提下，尽量压缩整个评估活动的时间跨度，以降低由业务、信息系统、威胁等方面的变化而导致的分析结果出现偏差的可能性。

3. 组建评估管理团队和评估实施团队

在确定风险评估的目标、范围后，需要组建风险评估实施团队，具体执行组织的风险评估。由于风险评估涉及组织管理、业务、信息资产等各个方面，因此风险评估团队中除了信息安全风险评估专业人员外，还需要组织管理层、相关业务骨干、信息安全运营管理人员等参与，考虑技术及人手方面的因素，还可以加入相关系统的厂家技术人员或集成商技术人员。以便更好地了解组织信息安全状况，以利于风险评估的实施。评估团队应有一定的组织结构和明确的角色分工。

（1）组织结构

建立合理的评估团队结组织结构（如图2-4所示），便于提高工作效率和进行人员管理。

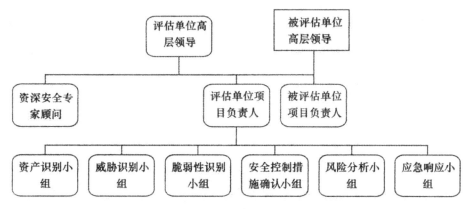

图 2-4　风险分析模型图

（2）评估团队成员分工

为使评估活动中每项具体的评估工作都落实到各责任人，除了确定合理的组织结构外，还需要为评估团队的成员进行清晰合理的成员分工。具体如表 2-1 所示。

表 2-1　评估团队成员分工表

成员类别	分工描述	主要任务
评估单位领导	评估单位领导、业务主管人员	为评估项目指定项目负责人并做出具体指示；审阅项目负责人提出的实施方案，并提出相应意见和支持；在项目过程中听取项目负责人的汇报，并做出相应指示
评估顾问团队	资深专家或行业顾问	可以由评估单位组成或同被评估单位共同组成；为高层决策提供必要技术支持；为评估工作提供后台支持、行业经验、技术建议
评估单位项目负责人	该人员应具有丰富的实际评估项目经验，熟悉评估项目的整个流程和所有重要环节，具有很强的计划能力、团队管理能力和沟通能力	在项目的准备阶段，与被评估方的项目负责人进行充分交流，并制定实施方案。该方案至少包括评估范围、评估团队、工作内容、工作方式和时间计划等，在准备阶段结束之前，应保证方案得到双方的一致认可；在实施阶段中，应按照评估实施方案进行工作任务划分和人员调配，并检查评估各阶段工作的输出成果，并检验质量和保证评估进度；项目负责人需要定期或随时向高层主管汇报项目的进展情况，以及工作过程中遇到的困难；负责与被评估方的项目负责人保持良好的沟通，以促使项目能够顺利进行；对项目过程中的突发事件做出反应，并及时告知高层主管和被评估方项目负责人；负责项目验收过程的汇报及协调等工作，对于客户提出的改进建议，应及时安排人员进行调整

评估单位操作层角色	资产识别	负责识别阶段资产评估的个人或小组	按照实施方案： 按"业务＋系统＋组件"的层次进行资产识别，并生成资产清单； 通过与被评估组织的相关人员进行交流，分析资产清单中列的信息资产的安全需求； 对资产进行分类、赋值等工作，并生成相应的文档
	威胁识别	负责识别阶段威胁评估的个人或小组	按照实施方案：通过技术手段，寻找被信息系统记载的安全事件信息；通过非技术手段（主要是访谈），获取近期被评估组织曾经发生过的安全事件以及潜在安全威胁；构建关键资产的威胁场景
	脆弱性识别	负责识别阶段脆弱性评估的个人或小组	按照实施方案： 利用工具或脚本自动获取信息系统的漏洞信息； 利用检查列表或访谈等方式，人工获取信息系统的漏洞信息； 生成脆弱性识别活动的输出文档或报告
	安全控制措施	负责识别阶段安全控制措施的个人或小组	按照实施方案： 对安全控制措施进行识别，并对其有效性进行分析和确认；生成安全控制措施确认活动的输出文档
	风险分析	负责风险分析阶段工作的个人或小组	按照实施方案： 建立风险分析和计算的具体模型及判据； 根据识别阶段的输出结果，按照确认的模型和判据进行风险分析，并撰写风险分析报告；根据风险分析结果，从技术、管理和操作等方面，提出风险的削减和控制建议
被评估组织领导		被评估组织的高层领导，负责策划、推动和检验整个评估项目	负责评估项目的策划和立项等工作，确定评估的目标，以及项目所用资源的筹备； 对评估项目予以明确的支持，以保证评估项目能够顺利实施；听取评估工作汇报，并对重要事宜做出相应指示
被评估单位项目负责人		被评估方单位专门负责项目的人员，由高层指定，具有一定的计划能力、团队管理能力和沟通能力	沟通与传达：在项目准备阶段，负责与评估单位项目负责人进行前期的沟通，向其传达高层所确定的评估目的和期望，介绍有关被评估组织和业务的相关信息，促进评估单位能够制定出有针对性、可操作的评估实施方案； 方案审批：在准备阶段结束之前，接受并审阅由评估单位项目负责人提交的评估实施方案，对其中不合理之处进行调整，向高层汇报，直至方案被高层批准； 辅助和监理：在评估项目进入实验阶段后，主要负责本方人员、场地的协调和落实，对项目的顺利推进起到辅助作用。另外，还需要对整个实施过程进行监控，防止评估单位不按照实施方案执行，保证项目的质量和进度； 汇报和验收：落实验收的具体时间、地点、形式和具体参与人员

4．进行系统调研

在确定了风险评估的目标、范围、团队后，要进行系统调研，并根据系统调研的结果决定评估将采取的评估方法等技术手段。系统调研内容包括：

（1）组织业务战略。

（2）组织管理制度。

（3）组织主要业务功能和要求。

（4）网络结构、网络环境（包括内部连接和外部连接）。

（5）网络系统边界。

（6）主要的硬件、软件。

（7）数据和信息。

（8）系统和数据的敏感性。

（9）系统使用人员。

（10）其他。

系统调研可以采取问卷调查、现场访谈等方法进行。调查问卷是一套关于管理或操作控制的问题表格，需要系统技术或管理人员进行填写；现场访谈则是由评估人员到现场观察并收集系统在物理、环境和操作方面的信息。

5．确定评估依据和方法

以系统调研结果为依据，根据被评估信息系统的具体情况，确定风险评估依据和方法。

评估依据包括（但不限于）现有国际或国家的有关信息安全标准、组织的行业主管机关的业务系统的要求和制度、组织的信息系统互联单位的安全要求、组织的信息系统本身的实时性或性能要求等。

根据评估依据，并综合考虑评估的目的、范围、时间、效果、评估人员素质等因素，选择具体的风险计算方法，并依据组织业务实施对系统安全运行的需求，确定相关的评估判断依据，使之能够与组织环境和安全要求相适应。

6．获得支持

就上述内容形成较为完整的风险评估实施方案，并报组织最高管理者批准，以获得其对风险评估方案的支持，同时在组织范围就风险评估相关内容对管理者和技术人员进行培训，以明确有关人员在风险评估中的任务。

7．准备相关的评估条件

在评估实施方案得到被评估组织高层的批准之后，评估单位和被评估组织都应按照实施方案的一致约定，解决准备开展评估工作所必需的前置条件，并争取在资产识别之前完成所有的准备工作。需要准备的条件包括如下三方面内容：

信息安全管理实务

（1）人员

评估单位的项目负责人，主要负责评估方人员的落实和任务分工，被评估组织的项目负责人，负责本组织评估活动参与人员的调配和培训。

（2）工具和表格

在资产识别之前，评估单位的项目负责人应该按照评估实施方案确定的具体工作内容，选择完成评估活动所必需的工具和表格，并落实这些工具和相关表格的到位情况。各个评估阶段经常用到的工具和表格见表2-2所示。

表2-2　工具和表格准备

评估阶段	工具/表格类型	用途说明
资产识别	《资产调查表》	辅助资产识别活动，用于记录被评估组织信息资产的相关信息以及安全需要等。为了提高效率，也可采用资产调查工具来实现上述目的
	《涉及国家机密的计算机信息系统调查表》	国家保密局颁发的、用于针对涉密信息系统的风险评估工作，但该表格除了可以用于资产调查外，还可用于安全控制措施、安全策略文档的调查活动
威胁识别	IDS	并行接入网络，用于检测流量中的入侵、攻击或非法访问等行为。当被评估组织网络中已经部署了这种类型的产品，经过与其协商，可直接选用用户方IDS的审计结果
	流量分析工具	针对网络流量进行协议分析，试图从中发现异常访问行为
	审计工具	用于从系统日志中获取曾经发生过的安全事件，降低人工审计的工作强度
	《威胁调查表》	通过对被评估组织各类人员的访谈，发现被评估组织中曾经发生过的安全事件和潜在的安全威胁
脆弱性识别	漏洞扫描工具	用于自动检测被评估系统中存在的安全漏洞
	各类检查表	评估单位根据最佳安全实践，为各类评估实体对象设计的检查表，用于对信息系统常见组件进行手工的脆弱性识别常见的有： 1. 网络基础设施评估类 （1）《路由器调查表》 （2）《交换机调查表》 （3）《DNS调查表》 2. 操作系统评估类 （1）《Unix系统安全调查表》（不同的Unix版本） （2）《Windows系统安全调查表》（NT、2000、2003） （3）《桌面系统检查表》 3. 应用系统评估类 （1）《数据库安全调查表》（Oracle、MS、SQL等） （2）《Web Sever安全调查表》（IIS、Apache等） （3）《通用应用系统安全检查表》（对用户的应用系统进行安全功能核查） 注：以上仅列举了Checklist中很少的一部分。依靠上述表格进行手工检查而不是用工具自动检查，主要目的是规避工具中各种攻击脚本对业务系统的风险

续前表

评估阶段	工具/表格类型	用途说明
安全措施确认	《安全控制措施调查表》	用于辅助已有安全控制措施的识别和确认工作，对于技术控制措施的识别只是此项工作的一部分，还需要对被评估组织目前已有的安全管理控制措施和操作控制措施进行识别和确认。这些大都是基于某些安全标准或最佳安全实践而设计的符合性检查表格 1. 策略评估类 (1)《安全策略评估表格—第一部分》（对被评估单位已有安全策略的完备性进行检查） (2)《安全策略评估表格—第二部分》（对被评估单位已有安全策略的一致性进行检查） 2. 安全管理评估类 (1)《安全管理评估检查表》（对照安全管理标准，对被评估单位的安全实践进行符合性检查） (2)《物理和环境评估检查表》（检查被评估单位是否针对具体的物理和环境威胁采取了有效的防护措施）
	BMZ1—2000《涉及国家机密的计算机信息系统评测表》	按照国家保密局的要求，全面测评被评估单位的安全技术、管理和操作等安全保密措施（2006年1月1日，国家保密局出台了 BMB17—2006《设计国家秘密的信息系统分级保护技术要求》，这部分替代 BMZ1
	《安全意识调查表》	用于了解被评估组织各种类型人员的安全意识和技能水平
	渗透测试工具集	有些评估项目中，除了针对已有的安全措施进行调查和分析工作外，可能还会包含目的明确的渗透测试工作。此时，需要项目负责人提交可能用于渗透测试活动的工具列表，具体工具会因测试对象和用户要求而异，此处不一一列举
综合风险分析	风险分析工具	用于辅助风险分析和计算工作，完成分析环节中重复性的工作，这类工具基于专家知识库进行复杂的智能分析。目前国外的安全组织或厂商已有类似工具，国内尚无厂商推出此类产品

（3）场地及其配套设施

除了完成如上所述的人员和工具等准备外，被评估组织的项目负责人应负责落实评估活动（如人员访谈）所需场地和相关设备（如投影仪）等。此外，对于评估过程中的工具检测活动，被评估组织的项目负责人应负责落实检测工具接入网络所必需的条件。

8. 项目启动和培训

（1）项目启动

在准备阶段结束时，包括双方高层在内的所有参与该项目的人员，应共同召开本次评估项目的协调会。除了双方高层领导外，参会人员还应包括：

● 双方的项目负责人

- 评估实施团队的主要成员
- 评估范围之内的中层领导
- 主要 IT 工作人员等

在协调会上，被评估组织的高层主管应明确表示对本次评估项目的全力支持，以确保评估活动参与人员在评估过程中全力配合评估工作，从而保证评估工作的质量和效果。

另外，评估项目的负责人应该根据前面所确定的评估实施方案，详细介绍评估工作的大致流程、主要工作内容、参与人员、时间计划、输出结果等信息，使与会人员能够对即将开始的评估工作有一个明确的了解。

会后，与会的被评估组织的中层领导应将会议的主要内容传达给相关人员。

（2）评估活动的培训

培训工作是信息安全风险评估工作中的一项重要活动，一般在整个评估工作中应进行两种不同方面的培训，一是信息安全风险评估的意识培训；二是信息安全风险评估技术与操作培训。两者相结合才能达到更好的培训效果。

①培训的目标

- 了解国家有关政策和标准
- 了解信息安全管理体系概念
- 了解信息安全风险评估概念
- 了解评估的基本流程
- 了解常用的检测手段和分析方法
- 对基本分析具有一定的抗风险能力

②培训的依据

- 国家标准《信息安全风险评估规范》
- 相关信息安全管理规范和标准
- 有关行业的信息安全管理规定
- 被评估单位已有的信息安全管理制度

③培训的组织

通常由评估单位发起，依据被评估组织的实际情况和参与培训人员的职位，提出培训计划，报被评估组织批准

- 由双方协商确定场地、时间、培训条件
- 培训工作应不影响被评估组织的正常工作和业务开展
- 培训工作也可由具备一定资质、条件的认证机构进行专业培训

2.2.2　资产识别

1. 资产分类

风险评估需要对资产的价值进行识别，因为价值不同将导致风险值不同。而风险评估中资产的价值不是以资产的经济价值来衡量的，而是以资产的机密性、完整性和可用性三个安全属性为基础进行衡量的。资产在机密性、完整性和可用性三个属性上的要求不同，则资产的最终价值也不同。

在一个组织中，资产有多种表现形式，同样的两个资产也因为属于不同的信息系统而有不同的重要性。因此，首先需要明确评估范围之内的业务特点和支撑业务运转的信息系统架构，然后将信息系统及相关的资产进行恰当的分类，并确定每类信息资产的安全需求，即根据被分析资产类别在其业务或应用系统中的位置以及所发挥的作用，分析每个资产类别的机密性、完整性和可用性三个方面的要求。以此为基础进行下一步的风险评估。在实际工作中，具体的资产分类方法可以根据具体的评估对象和要求，由评估者灵活把握。根据资产的表现形式，可将资产分为数据、软件、硬件、文档、服务、人员等类型。表 2-3 列出了一种资产分类方法。

表 2-3　一种基于表现形式的资产分类方法

分类	示例
数据	保存在信息媒介上的各种数据资料，包括源代码、数据库数据、系统文档、运行管理规程、计划、报告、用户手册等
软件	系统软件：操作系统、语言包、工具软件、各种库等 应用软件：外部购买的应用软件，外包开发的应用软件等 源程序：各种共享源代码、自行或合作开发的各种代码等
硬件	网络设备：路由器、网关、交换机等 计算机设备：大型机、小型机、服务器、工作站、台式计算机、笔记本电脑等 存储设备：磁带机、磁盘阵列、磁带、光盘、U 盘、软盘、硬盘等 传输线路：光纤、双绞线等 保障设备：动力保障设备（UPS、变电设备等）、空调、保险柜、文件柜、门禁、消防设施等 安全保障设备：防火墙、入侵检测系统、身份验证等 其他：打印机、复印机、扫描仪、传真机等
服务	办公服务：为提高效率而开发的管理信息系统（MIS），包括各种内部配置管理、文件流转管理等服务 网络服务：各种网络设备、设施提供的网络连接服务 信息服务：对外依赖该系统开展的各类服务

分类	示例
文档	纸质的各种文件，如传真、电报、财务报表、发展计划等
人员	掌握重要信息和核心业务的人员，如主机维护主管、网络维护主管及应用项目经理等
其他	企业形象、客户关系等

资产分类的参与人员及具体分工：(1) 被评估组织的业务访谈人员负责详细说明评估范围之内的业务特点和支撑业务运转的信息系统框架；(2) 评估单位人员（也可以考虑邀请被评估组织的项目负责人加入）负责识别信息资产并进行恰当的分类；(3) 评估单位人员（也可以考虑邀请资产所有者或负责人参与）负责确定每类信息资产的安全需求。

在资产进行分类时，应遵循以下一些原则：分类方法简单、直观、全面覆盖、避免重叠。资产和业务的识别工作一般经由业务部门实现，支持业务应用的关键资产要通过对文档的审核以及跟业务部门的管理者和相关业务、技术人员面谈来进行。工作流程要保证资产识别过程的一致性，识别内容包括物理资产和地点、网络和逻辑连接、软件（操作系统和应用软件等）、通过网络传送的数据流等。访谈应重点关注信息资产如何被各种类型的用户（如系统管理员、客户和雇员等）所使用。表 2-4 给出了一个业务单元信息资产调查表的例子供参考。

表 2-4　信息资产调查表示例

财务部门信息资产调查表	
1. 系统和应用	
应用系统	现金管理系统、账务管理系统
操作系统	Windows XP、windows2003Server Standard
其他	
2. 硬件	
服务器	HP
网络和通信设备	Cisco2600 路由器、Cisco3550 交换机、调制解调器
个人电脑	联想、DELL
其他设备	HP 打印机
3. 其他信息资产	
备份数据	磁带
纸质文档和文件	
其他移动数据存储	PDA、U 盘、笔记本电脑

对于各个具体的信息资产，如操作系统、服务器硬件等，还需要进一步

对其进行设备厂家、型号、CPU、内存、操作系统类型、版本号、当前已安装补丁版本号等进行详细调查统计。

2. 资产赋值

对资产的赋值不仅要考虑资产的经济价值，更重要的是要考虑资产的安全状况，即资产的机密性、完整性和可用性，对组织信息安全性的影响程度。有时候，与对企业业务的影响造成的损失相比较，损失资产本身的物理价值可以忽略不计。举个例子来说，美国微软公司若丢失了一台存储有最新版本Windows2008 服务器版的操作系统源代码的笔记本电脑，这个电脑丢失事件的发生对微软公司业务造成的损失要比资产本身（笔记本电脑）的实际价值要大得多。资产赋值的过程也就是对资产在机密性、完整性和可用性上的要求进行分析，并在这个基础上得出综合结果的过程。资产对机密性、完整性和可用性上的要求可由安全属性缺失时造成的影响表示，这种影响可能造成某些资产的损害以致危及信息系统，还可能导致经济效益（如导致营业收入的减少或竞争对手得益等）、市场份额、组织形象的损失。

资产赋值参与人员：资产赋值由资产识别小组负责，需要被评估组织的人员参与。被评估组织的项目负责人负责协调。

1）机密性赋值

根据资产在机密性上的不同要求，将其分为 5 个不同的等级，分别对应资产在机密性缺失时对整个组织的影响。表 2-5 提供了一种机密性赋值的参考。

表 2-5 资产机密性赋值表

赋值	标识	定义
1	很低	可对社会公开的信息、公用的信息处理设备和系统资源等
2	低	仅能在组织内部或在组织某一部门内部公开的信息，向外扩散有可能对组织的利益造成轻微损害
3	中等	组织的一般性秘密，其泄露会使组织的安全和利益受到损害
4	高	包含组织的重要秘密，其泄露会使组织的安全和利益遭受严重损害
5	很高	包含组织最重要的秘密，关系未来发展的前途和命运，对组织根本利益有决定性的影响，如果泄露会造成灾难性的损害

2）完整性赋值

根据资产在完整性上的不同要求，将其分为 5 个不同的等级，分别对应资产在完整性上缺失时对整个组织的影响。表 2-6 提供了一种完整性赋值的参考。

表 2-6 资产完整性赋值表

赋值	标识	定 义
1	很低	完整性价值非常低，未经授权的修改或破坏对组织造成的影响可以忽略，对业务冲击可以忽略
2	低	完整性价值较低，未经授权的修改或破坏会对组织造成轻微影响，对业务冲击轻微，损失容易弥补
3	中等	完整性价值中等，未经授权的修改或破坏会对组织造成影响，对业务冲击明显，但损失可以弥补
4	高	完整性价值较高，未经授权的修改或破坏会对组织造成重大影响，对业务冲击严重，损失较难弥补
5	很高	完整性价值非常关键，未经授权的修改或破坏会对组织造成重大的或无法接受的影响，对业务冲击重大，并可能造成严重的业务中断，损失难以弥补

3）可用性赋值

根据资产在可用性上的不同要求，将其分为 5 个不同的等级，分别对应资产在可用性上缺失时对整个组织的影响。表 2-7 提供了一种可用性赋值的参考。

表 2-7 资产可用性赋值表

赋值	标识	定 义
1	很低	可用性价值可以忽略，合法使用者对信息及信息系统的可用度在正常工作时间低于 25%
2	低	可用性价值较低，合法使用者对信息及信息系统的可用度在正常工作时间达到 25%以上，或系统允许中断时间小于 60 分钟
3	中等	可用性价值中等，合法使用者对信息及信息系统的可用度在正常工作时间达到 70%以上，或系统允许中断时间小于 30 分钟
4	高	可用性价值较高，合法使用者对信息及信息系统的可用度达到每天 90%以上，或系统允许中断时间小于 10 分钟
5	很高	可用性价值非常高，合法使用者对信息及信息系统的可用度达到年度 99.9%以上，或系统不允许中断

4）资产重要性等级

资产价值应依据资产在机密性、完整性和可用性上的赋值等级，经过综合评定得出，综合评定方法可以选择对资产机密性、完整性和可用性最为重要的一个属性的赋值等级作为资产的最终赋值结果；也可以根据资产机密性、完整性和可用性的不同等级对起赋值进行加权计算得到资产的最终赋值结果。加权方法可根据组织的业务特点确定。

这里为与上述安全属性的赋值相对应，根据最终赋值将资产划分为 5 级，级别越高表示资产越重要，也可以根据组织的实际情况确定资产识别中的赋值依据和等级。表 2-8 中的资产等级划分表明了不同等级的重要性的综合描述。评估者可根据资产赋值结果，确定重要资产的范围，并围绕重要资产进行下一步的风险评估。

表 2-8　资产等级及含义描述

等级	标识	描　　述
1	很低	不重要，其安全属性破坏后对组织造成很小的损失，甚至忽略不计
2	低	不太重要，其安全属性破坏后可能对组织造成较低的损失
3	中等	比较重要，其安全属性破坏后可能对组织造成中等程度的损失
4	高	重要，其安全属性破坏后可能对组织造成比较严重的损失
5	很高	非常重要，其安全属性破坏后可能对组织造成非常严重的损失

3. 工具、表格与相关资料

资产识别过程中，可能会使用到以下工具、表格和相关资料。

1) 自动化工具

虽然目前尚不存在可以完成资产识别活动的自动化工具，但可以借助一些资产管理工具或带有资产识别和管理功能的其他安全产品（如扫描工具、安全审计系统、网络设备管理软件、SOC 或专门为评估制定的工具等），迅速完成资产识别活动，缩短本活动所占用的时间。

（1）资产管理工具。这类工具尽管不是太常见，但市场上确实存在专门的资产管理产品或解决方案。这类产品专门是针对企业级用户设计的，便于管理员管理企业的 IT 资产，被管理的对象主要是主机（包括其中的操作系统和应用程序）和网络设备，这些被管理对象一般都具有 IP 地址。某些较为高级的产品具有拓扑自动发现功能。

为了实现更多的管理功能，需要在被管理的服务器或客户端上安装相应的代理程序。只有征得被评估组织的同意后，才可以使用这些资产管理工具来完成资产识别工作。

另外，更加复杂的安全解决产品或方案，可能具有用于资产管理的功能模块，例如 SOC。

（2）主动探测工具。对于评估单位来说，更喜欢使用一些可以针对 IT 资产进行主动探测的工具。因为使用这类产品无需在被评估组织的实际业务系统中大规模部署。

目前一些较为先进的漏洞扫描工具，在专门的扫描策略下，可以完成对绝大部分 IT 资产的精确辨别（被辨别或被识别的对象应该具有各自的 IP 地址），这样可以省去资产识别人员大量的现场调查和访谈工作，大大节约资产识别活动花费的时间。

根据相关标准对信息资产的定义，信息资产并非只限于带有 IP 地址的信息系统组件，一般还包括人员、数据存储介质、文档、线路、非 IT 辅助设备等；而这些对象都无法被前面提及的两类工具自动发现。因此，在实际评估项目工作中，还需要人工完成上述资产的识别活动。

2）表格

在资产识别活动中，对于一些无法通过自动工具识别的资产，如数据存储介质、文档、线路、非 IT 辅助设备等，可以采用手工记录表格的方式来完成资产识别工作。评估单位需要准备用于资产识别活动的记录表格（示例表如 2-9 所示，仅供参考）。在实际资产识别活动中，可根据实际情况或用户需求，对表格中的记录项进行增删。

表 2-9　资产识别记录示例表

资产识别记录表			
项目名称或编号		表格编号	
资产识别活动信息			
日期		起止时间	
访谈者		访谈对象及说明	
地点说明			
记录信息			
所属业务		业务编号	
所属类别		类别编号	
资产名称		资产编号	
IP 地址		物理编号	
功能描述			
机密性要求			
完整性要求			
可用性要求			
重要程度			
安全控制措施			
负责人			
备注			

（3）相关资料

被评估组织应提供最新的、详细的实际使用的网络拓扑结构图，以及行业运行流程图，这些资源有助于资产识别活动的进行，还可以避免资产识别过程中发生疏漏。

如果被评估组织在前段时间曾经进行过风险评估，可以在上个评估活动生成的资产识别列表的基础上，只对发生变更的资产进行识别，也可节约本阶段所需的时间，提高工作效率。

4. 评估过程文档（资产识别清单）输出

在资产识别的基础上，再对资产进行统计、汇总，整理形成完整的《资产识别清单》。此清单属于评估活动的中间结果，也是分析阶段的输入文档之一。

2.2.3　威胁识别

1. 威胁分类

信息安全威胁可以通过威胁主体、资源、动机、途径等多种属性来描述。造成威胁的因素可分为人为因素和环境因素。根据威胁的动机，人为因素又可分为恶意和非恶意两种。环境因素包括自然界不可抗力的因素和其他物理因素。

威胁作用形式可以是对信息系统直接或间接的攻击，也可能是偶然发生的或蓄意安排的安全事件，都会在信息的机密性、完整性或可用性等方面造成损害。

在对威胁进行分类前，应考虑威胁的来源。表 2-10 提供了一种威胁来源的分类方法。

表 2-10　威胁来源列表

来源		描述
环境因素		由于断电、静电、灰尘、潮湿、温度、鼠蚁虫害、电磁干扰、洪灾、火灾、地震等环境条件、自然灾害、意外事故以及软件、硬件、数据、通信线路等方面的故障所带来的威胁
人为因素	恶意人员	因某种原因，内部人员对信息系统进行恶意破坏；采用自主或内外勾结的方式盗窃机密信息或进行篡改，获取利益；外部人员利用信息系统的脆弱性，对网络或系统的机密性、完整性和可用性进行破坏，以获取利益或炫耀能力
	非恶意人员	内部人员由于缺乏责任心，或者由于不关心和不专注，或者没有遵循规章制度和操作流程而导致故障或信息损害，内部人员由于缺乏培训、专业技能不足，不具备岗位技能要求而导致信息系统故障或被攻击

对威胁进行分类的方式有多种，针对表 2-10 的威胁来源，可以根据其表

现形式将威胁进行分类。表 2-11 提供了一种基于表现形式的威胁分类方法。

表 2-11　一种基于表现形式的威胁分类表

种类	描述	威胁子类
软硬件故障	由于设备硬件故障、通信链路中断、系统本身或软件缺陷造成对业务实施、系统稳定运行的影响	设备硬件故障、传输设备故障、存储媒体故障、系统软件故障、应用软件故障、数据库软件故障、开发环境故障
物理环境影响	由于断电、静电、灰尘、潮湿、温度、鼠蚁虫害、电磁干扰、洪灾、火灾、地震等环境问题或自然灾害对系统造成的影响	
无作为或操作失误	由于应该执行而没有执行相应的操作,或无意地执行了错误的操作,对系统造成的影响	维护错误、操作失误
管理不到位	安全管理措施没有落实,造成安全管理不规范,或者管理混乱,从而破坏信息系统正常有序运行	
恶意代码	故意在计算机系统上执行恶意任务的程序代码	网络病毒、间谍软件、窃听软件、蠕虫、陷阱等
越权或滥用	通过采用一些措施,超越自己的权限访问了本来无权访问的资源,或者滥用自己的职权,做出破坏信息系统的行为	非授权访问网络资源、非授权访问系统资源、滥用权限非正常修改系统配置或数据、滥用权限泄露秘密信息
网络攻击	利用工具和技术,如侦察、密码破译、嗅探、伪造和欺骗、拒绝服务等手段,对信息系统进行攻击和入侵	网络探测和信息采集、漏洞探测、嗅探(账户、口令、权限等)、用户身份伪造和欺骗、用户或业务数据的窃取和破坏、系统运行的控制和破坏
物理攻击	通过物理接触造成对软件、硬件、数据的破坏	物理接触、物理破坏、盗窃
泄密	信息泄露给不应了解的人员	内部信息泄露、外部信息泄露
篡改	非法修改信息,破坏信息的完整性使系统的安全性降低或信息不可用	篡改网络配置信息、系统配置信息、安全配置信息、用户身份信息或业务数据信息
抵赖	不承认收到的信息和所作的操作和交易	原发抵赖、接收抵赖、第三方抵赖

2. 威胁识别方式

1）实际威胁的识别方式

通过访谈和检测工具识别并记录被评估组织最近曾经实际发生过的威胁，具体如下：

（1）人员访谈方式

人员访谈方式可以使威胁识别小组迅速了解被评估组织最近发生过何种威胁。被访谈的对象应当是关键资产的所有者或负责人。经过面对面的交流，围绕特定的关键资产或资产类别，威胁识别小组成员能够从被访谈对象口中，直接获得关键资产曾经遭受过哪些具体威胁的破坏，或对一些安全事件的表面现象进行分析，间接获得安全事件背后隐藏的威胁源头。

访谈时可以指定威胁小组中的某位成员具体负责访谈过程中的记录工作。

（2）工具检测方式

由于能力或检测手段上的局限性，被评估组织人员无法发现所有实际发生过的威胁。这时候就需要依靠威胁识别小组成员的专业技能或使用专业的工具来检测这些很难察觉的威胁。如通过现有的安全设备的具体功能——防火墙流量统计、网络设备管理系统流量统计、漏洞扫描软件等；查看安全设备的工作日志—防火墙日志、入侵检测系统日志、病毒防御系统日志、桌面管理系统日志、安全审计系统日志等来完成这项工作，通过这些方式可以快速获取威胁信息。

工具检测活动主要从如下两个方面入手。

首先，从网络流量入手。通过对网络流量进行监控，经过不间断地分析，能够从中发现攻击、入侵或非法访问等行为。一般使用 IDS（设备或软件形式均可）来完成这项工作；条件具备时，还可以使用协议分析工具，通过检测来分析网络流量中的异常活动。如果被评估组织已经部署了上述工具，威胁小组可以直接获取相应的检测结果。

其次，从日志记录入手。信息系统各组件通常都具有丰富的审计能力并能生成日志记录。威胁识别小组可以采用日志分析工具，从这些日志记录中，迅速地获取威胁信息。

无论采用上述哪一种威胁识别方式，都应将被识别的威胁用统一的格式记录下来，可以参考使用如下记录格式：

- 关键资产名称或类别名称
- 工具检测活动的说明信息：时间、地点和检测方式
- 威胁主体

- 威胁来源或方位
- 途径和方式说明
- 现象（如次数、周期等）
- 结果和影响
- 后续补救措施

值得注意的是，应将工具检测过程中的原始数据全都保留下来，便于被评估组织今后的核查和加固工作。

针对那些安全性和实时性要求非常高的系统进行威胁识别时，使用工具检测需要特别谨慎。另外，工具检测内容毕竟有局限性，所以可能需要识别小组成员对被评估的系统或设备进行更详尽的手工检查。

工具检测威胁时可以要求被检测网络的管理员、被检测系统的管理员协助完成，上述人员由被评估组织的项目负责人负责调配。

2）潜在威胁的识别方式

以上所述的针对实际威胁的识别方式，只能发现那些曾经发生过的威胁。虽然某些威胁以前从未发生过，但并不意味着这些威胁永远不会出现。而且，随着技术的发展，总会有新的威胁不断出现；组织业务和信息系统的调整，也有可能会引入新的威胁。所以，除了识别实际威胁外，还应根据当前实际情况和总体的威胁势态，识别被评估组织所面临的一些潜在威胁。

在前期"系统调研"活动中，评估团队已经对被评估组织的业务、信息系统（包括主要的安全技术控制措施）、组织和人员等方面的情况有了基本了解。在此基础上，威胁识别小组成员通过对总体威胁势态的掌握和依靠外部威胁的统计报告，结合被评估组织的设计情况，便可大致确定被评估组织所面临的潜在威胁。

因为此项活动识别的是潜在威胁，这就意味着这种威胁可能发生，也可能不发生。被评估组织的人员就会对此项活动的识别结果产生不同程度的疑问。因此，对于每个被识别出来的潜在威胁，评估人员应提供详细的描述和实例，用来说明潜在威胁分析、识别的结论。一般可以从四个方面加以判断。一是辨别威胁途径，根据具体情况，描述出某种威胁具备发生或传播的途径。如：ARP欺骗病毒可以可通过操作系统的漏洞利用网络进行传播。二是分析采用的防护措施，安全防护或检测措施的缺失或薄弱，使得某种威胁有机可乘。如：ARP欺骗病毒可在同一广播域内大范围传播。三是了解威胁动机，可分为外部人员蓄意破坏或内部人员错误操作。如：移动存储设备使用不当。组织往往将绝大部分的安全投资用于抵御外部威胁，而对于其内部人员管理和控制措施比较薄弱，同时无法排除某些内部人员具有不良动机。四是查看国际和国内的一些安全机构发布的安全公告和阶段性安全事件的统计，如国家计算机网络应急技术处理协调中心，会在 http://www.cert.org.cn 网站上定期发布安全公告和阶段性安全事件的统计数据。这些统计数据对被评估组织进行威胁分析很有帮助。

潜在威胁识别记录内容应包括：

● 威胁主体和动机
● 威胁来源或方位
● 途径和方式说明
● 缺失或薄弱的安全控制措施
● 威胁的客体
● 可能的结果
● 后续补救措施

3. 构建威胁场景

在威胁分类和威胁识别的基础上，需要为每个关键资产或关键资产类别建立起威胁场景图，为后续的风险分析/计算活动进一步缩小范围。

威胁场景实际上是为每个关键资产或关键资产类别与其所面临的实际和潜在威胁建立映射关系。这样做的好处有两个：一是摒弃那些不可能存在的"关键资产—威胁"对，避免在后续的风险分析/计算活动中，浪费大家的时间和精力。二是威胁场景除了建立关键资产与其所面临威胁之间的映射关系之外，还明确了威胁的来源、途径和结果，有利于后续风险分析阶段结合脆弱性和已有的安全控制措施进行影响和可能性分析。

如果威胁突破了已有的安全控制措施，利用了资产的脆弱性，就会对该资产安全的某个或某些安全属性造成破坏，从而导致如下不期望的结果发生：

泄露：机密性遭破坏，主要针对数据类的资产

篡改：完整性遭破坏，主要针对数据类或软件类的资产

中断：可用性遭破坏，主要针对网络通讯和服务

损失或破坏：可用性遭破坏，主要指数据、软件和物理形式的资产

在构建关键资产的威胁场景时，可参考表 2-12，该表从威胁主体、影响途径、威胁来源和意图等几个方面对威胁进行了具体分析。

表 2-12　构建威胁场景参考表

威胁主体	影响途径	威胁来源	意图	具体描述
人为威胁	网络的	外部的	蓄意行为	实物盗窃
				非授权扫描
				非授权访问
				分布式拒绝服务工具 DDOS
				网页篡改
				恶意代码
				病毒/蠕虫/木马
				网络/应用的逻辑炸弹
				网络/应用的后门程序
				病毒愚弄
				社会工程
				网络欺骗
				网络钓鱼（网页欺骗）
				黑客行为/计算机犯罪
				诉讼/起诉/官司
			意外行为	非故意的拒绝服务攻击
				不完善/过时的法律
				外包运作的失败
		内部的	蓄意行为	实物盗窃
				非授权扫描
				非授权访问
				心怀怨恨的内部人员
				使用非正版软件
				社会工程
				黑客行为/计算机犯罪
			意外行为	非故意的拒绝服务攻击
				人为错误或失误

威胁主体	影响途径	威胁来源	意图	具体描述
人为威胁	物理的	外部的	蓄意行为	战争
				恐怖分子攻击
				炸弹恐吓
				炸弹攻击
				抢夺
				欺诈勒索
				欺骗
				破坏行为
				社会骚乱
				怠工
				蓄意破坏
				窃听
			意外行为	车祸
				飞机失事
				生物的、化学的或者核能的泄露
				燃气泄露
		内部的	蓄意行为	工作中断/罢工
				通过跟随得以非授权进入
				盗用
				欺骗
				怠工
			无意行为	关键人员缺失
				门未锁
				敏感文件处于暴露状态
				计算机未锁定
				公开场所的敏感对话
				移动计算或存储设备的丢失

续前表

威胁主体	影响途径	威胁来源	意图	具体描述
非人为威胁	系统的	外部的		电源故障
				电压波动
				通讯故障
				DNS 故障
		内部的		电源故障
				电压波动
				空气调节系统故障
				计算机硬件故障
				软件故障
				通讯故障
				软件缺陷
	环境的	外部的		自然灾害
				流行病
				电磁干扰
				太阳耀斑
		内部的		漏水
				烟火
				粉尘
				温湿度失调
				害虫

表 2-13 是硬件资产（服务器）威胁场景示例，供参考。

表 2-13　服务器主机的威胁场景列表

关键资产	途径	来源	威胁	结果
服务器主机	网络	外部		
		内部		
	物理	外部		
		内部	关键人员缺失	损失或破坏
			门未锁	中断
	系统	外部		
		内部	计算机硬件故障	中断
	物理	外部	自然灾害	损失或破坏
				中断
		内部	烟火	损失或破坏
			温湿度失调	中断

4. 威胁赋值

威胁出现的频率是衡量威胁严重程度的重要要素，因此威胁识别后需要对威胁频率进行赋值，以代入最后的风险计算中。

评估者应根据经验和（或）有关的统计数据来对威胁频率进行赋值，威胁赋值中需要综合考虑以下三方面因素：

（1）以往安全事件报告中出现过的威胁及其频率的统计。

（2）实际环境中通过检测工具以及各种日志发现的威胁及其频率的统计。

（3）近年来国际组织发布的对于整个社会或特定行业的威胁及其频率统计，以及发布的威胁预警。

可以对威胁出现的频率进行等级化处理，不同等级分别代表威胁出现的频率的高低。等级数值越大，威胁出现的频率越高。

表 2-14 提供了威胁出现频率的一种赋值方法。在实际的评估中，威胁频率的判断应根据历史统计或行业判断，在评估准备阶段确定，并得到被评估方的认可。

表 2-14　威胁赋值表

等级	标识	定义
1	很低	威胁几乎不可能发生，仅可能在非常罕见和例外的情况下发生
2	低	出现的频率较小；或一般不可能发生；或没有被证实发生过
3	中	出现的频率中等（或>1次/半年）；或在某种情况下可能会发生；或被证实曾经发生过
4	高	出现的频率较高（或≥1次/月）；或在大多数情况下很有可能会发生；或可以证实多次发生过
5	很高	出现的频率很高（或≥1次/周）；或在大多数情况下几乎不可避免；或可以证实经常发生

如果不考虑其他因素（例如，资产、脆弱性和已有的安全控制措施以及被评估组织其它实际情况）而单纯地对威胁进行评价或赋值，就必然会割裂风险构成要素之间的内在联系，从而导致后面的风险计算结果的可信程度遭到质疑。那些曾经在被评估组织实际发生并被记录的威胁，还能够按照上述表格完成赋值活动；但对于那些曾经发生过但未被记录的威胁和曾未发生但将来又可能发生的威胁，对其出现频度进行赋值的难度相当大——即使评估人员硬着头皮按照估计完成了此项工作，恐怕他自己都难免对赋值的结果表示怀疑。

因此，单纯地、孤立地对威胁进行评价并不科学。在对威胁进行具体分析时，需要综合考虑威胁的更多方面（而绝非频度这一个方面）；并且，还需要对不同类型的威胁进行区别对待。例如，在分析人为威胁时，需要考虑其主观上的动机、客观上的技术能力以及威胁之外的实际情况，如系统是否存在可以利用的脆弱性、是否存在一些可以对威胁主体产生威慑作用的约束条件等。在对非人为威胁分析时（例如，洪水），则更多需要考虑的是被评估组织所处地理位置的自然气候以及地势情况等。

为了避免单纯孤立的评价威胁导致风险分析/计算结果出现误差，评估活动的主体就需要将各类威胁放到被评估组织的实际环境中进行仔细分析，并且依照"具体问题，具体分析"的原则，理清"资产——威胁——脆弱性——已有安全控制措施"之间的内在联系，只有这样才能保证风险分析/计算结果的客观性。实现上述目标并不是一件非常困难的事情：只需要模仿OCTAVE中提供的一个方法——"构建威胁场景"就可实现。

威胁识别要从威胁源、事件发生后对信息资产的影响程度（或造成的损失）和事件发生的可能性等多方面综合进行考虑。某个信息资产面临的单个威胁综合值计算公式如下：

$$t = T_s + T_i$$

其中 t 为单个威胁综合值，T_s 为威胁来源值，被定义为一个 1 到 5 之间的数值，T_i 为影响程度值，也被定义为一个 1 到 5 之间的数值，因此某个信息资产面临的单个威胁综合值就是一个 2 到 10 之间的数值。

为了便于计算，将某个信息资产所面临的全部单个威胁综合值相加后除以威胁个数的 2 倍，再将此计算结果四舍五入就得到此信息资产所面临的全部威胁综合值，最后得出的全部威胁综合值是一个 1 到 5 之间的整数，计算公式如下：

$$T = INT\left(\left[\sum_{i=1}^{n}(t)\right]/2N + 0.5\right)$$

威胁来源值：威胁随着来源的不同，其具有的危险性级别也不相同。表2-15 对几种常见的威胁来源及其动机做一下举例说明。按照危险性级别的不同可以将威胁来源值分别定义为 1 到 5 的整数值。

表 2-15　威胁来源值及动机示例表

威胁来源危险性级别描述	威胁来源值	威胁源示例	动机
低风险：低攻击动机，低攻击能力	1	缺乏培训的内部员工	无意错误、编程错误和数据录入错误
中低风险：低攻击动机，高攻击能力	2	外部黑客	挑战性、虚荣心或游戏的心理

续前表

威胁来源危险性级别描述	威胁来源值	威胁源示例	动机
中等风险：高攻击动机，低攻击能力	3	内部黑客	好奇或财务问题
高风险：高攻击动机，高攻击能力	4	恶意攻击者	破坏信息、金钱驱动等
极高风险：极高攻击动机，高攻击能力	5	恐怖分子	报复等

影响程度值：按照安全事件发生后可能会对业务产生的影响，赋值如表2-16所示。

表 2-16　威胁影响程度赋值示例表

影响程度值	定义
1	单个工作小组或部门受到影响，对企业经营没有或非常轻微的影响
2	一个或更多的部门受到影响，对完成工作任务有轻微的延迟
3	两个或更多的部门或一个业务单元受到影响，对完成工作任务有 4 到 6 个小时的延迟
4	两个或更多的业务单元受到影响，对完成工作任务有 1 到 2 天的延迟
5	企业的这个工作任务受到影响

5．工具、表格及相关资料

在针对实际威胁识别活动中，有可能会使用 IDS、安全审计等工具，以及人员访谈所需的记录表格。

1）工具

（1）IDS 采样分析工具

为了详尽了解被评估组织信息系统所面临的网络安全威胁，威胁识别活动中，可能需要利用入侵检测系统对信息系统内可能存在的安全威胁进行实时采样收集。对象包括各类主机系统、网络设备、数据库应用等在网络中进行传输的数据，采样结果可以作为安全风险评估的一个重要参考依据。

绝大多数传统入侵检测系统（IDS）采取基于网络或基于主机的模式来识别并躲避攻击。无论在什么情况下，该工具都要寻找"攻击标志"，就是一种代表恶意或可疑意图攻击的标志。当 IDS 在网络中寻找这些攻击标志时，它是基于网络的。而当 IDS 在记录文件中寻找攻击标志时，它是基于主机的。这两种方法各有优劣，可以互为补充。

如果检测到了攻击行为，IDS 的响应模块就提供多种选项以通知、报警并对攻击采取相应的反应来进行处理。一般包括通知管理员、中断连接或为法庭分析和证据收集而做的会话记录。

如果被评估组织已经在其信息系统中部署了 NIDS 或 HIDS，评估单位可以在得到许可后，直接使用已经部署的 IDS 所记录的数据，没有必要另行部署 IDS。

最近，入侵防护系统（IPS）有取代 IDS 的势头，其实两者检测入侵的方式相同，但 IPS 能够自动阻断攻击或入侵。其实，IPS 技术还在继续完善之中，当 IPS 误报时，会阻断被评估组织正常的业务流，因此存在一定的风险。

（2）日志分析

无论是网络设备还是操作系统，它们都具备一定的审计能力，它们也都会将检测到的安全事件信息以日志的形式保存下来。因此，评估人员可以通过检查不同来源的日志文件寻找曾经发生过的威胁。

日志采集的对象一般包括：网络设备、操作系统以及一些常见的应用系统。

如果被评估组织已经部署了集中审计工具，评估单位在获得许可后，能够直接通过集中审计工具获取各类日志信息。

2）人员访谈记录表

在针对实际威胁和潜在威胁的识别活动中，需要使用表 2-17 至 2-19 所示的威胁识别记录表。

表 2-17 威胁人员访谈记录表

威胁人员访谈记录表			
项目名称或编号		表格编号	
访谈活动信息			
日期		起止时间	
访谈者		访谈对象及说明	
地点说明			
记录信息			
受损资产		资产描述和类别	
现象描述			
威胁主体			
威胁来源			
方式和途径			
结果和影响			
技术脆弱性			
缺失或薄弱的控制措施			
后续的补救措施			
备注			

表 2-18　威胁工具检测记录表

威胁工具检测记录表			
项目名称或编号		表格编号	
检测活动信息			
日期		起止时间	
检测者		配合人员	
检测方式		位置说明	
记录信息			
受损资产		资产描述和类别	
现象描述			
威胁主体			
威胁来源			
方式和途径			
结果和影响			
技术脆弱性			
缺失或薄弱的控制措施			
建议的补救措施			
原始数据			
备注			

表 2-19　潜在威胁分析记录表

潜在威胁分析记录表			
项目名称或编号		表格编号	
分析活动信息			
起止日期		起止时间	
分析人员		辅助人员	
记录信息			
受损资产		资产描述和类别	
现象描述			
威胁主体			
威胁来源			
方式和途径			
结果和影响			
技术脆弱性			
缺失或薄弱的控制措施			
建议的补救措施			
原始数据			
备注			

6. 评估过程文档（威胁列表）输出

综合威胁识别和赋值的结果，输出威胁列表，包括威胁名称、种类、来源、动机及出现的频率等。同时，构建出关键资产的威胁场景。

2.2.4 脆弱性识别

本节主要介绍技术脆弱性的识别与分析，管理脆弱性的识别在 2.2.5 节已有安全措施确认进行阐述。

1. 脆弱性识别内容

脆弱性是资产本身存在的，如果没有被相应的威胁利用，单纯的脆弱性本身不会对资产造成损害。而且如果系统足够强健，严重的威胁也不会导致安全事件发生进而带来损失。即，威胁总是要利用资产的脆弱性才可能造成危害。

资产的脆弱性具有隐蔽性，有些脆弱性只有在一定条件下和环境下才能显现，这是脆弱性识别中最为困难的部分。不正确的、起不到应有作用的或没有正确实施的安全措施本身就可能存在脆弱性。

脆弱性识别是风险评估中最重要的一个环节。脆弱性识别可以以资产为核心，针对每一项需要保护的资产，识别可能被威胁利用的弱点，并对脆弱性的严重程度进行评估；也可以从物理、网络、系统、应用等层次进行识别，然后与资产、威胁对应起来。脆弱性识别的依据可以是国际或国家安全标准，也可以是行业规范、应用流程的安全要求。对应用在不同环境中的相同的弱点，其脆弱性严重程度是不同的，评估者应从组织安全策略的角度考虑、判断资产的脆弱性及其严重程度。信息系统所采用的协议、应用流程的完备与否、与其他网络的互联等也应考虑在内。

脆弱性识别时的数据应来自于资产的所有者、使用者，以及相关业务领域和软硬件方面的专业人员等。

脆弱性识别主要从技术和管理两个方面进行，技术脆弱性涉及物理层、网络层、系统层、应用层等各个层面的安全问题。管理脆弱性又可分为技术管理脆弱性和组织管理脆弱性两方面，前者与具体技术活动相关，后者与管理环境相关。

对不同的识别对象，其脆弱性识别的具体要求应参照相应的技术或管理标准实施。例如，对物理环境的脆弱性识别可以参照 GB/T9361—2000《计算机场地安全要求》中的技术指标实施；对操作系统、数据库可以参照 GB17859—1999《计算机信息系统安全保护等级划分准则》中的技术指标实施。管理脆弱性识别方面可以参照 GB/T19716—2005《信息技术信息安全管

理实用规则》的要求对安全管理制度及其执行情况进行检查，发现管理漏洞
和不足。表 2-20 提供了一种脆弱性识别内容的参考。

表 2-20　脆弱性识别内容表

类型	识别对象	识别内容
技术脆弱性	物理环境	从机房场地、机房防火、机房供配电、机房防静电、机房接地与防雷、电磁防护、通信线路的保护、机房区域防护、机房设备管理等方面进行识别
	网络结构	从网络结构设计、边界保护、外部访问控制策略、内部访问控制策略、网络设备安全配置等方面进行识别
	系统软件（含操作系统及系统服务）	从补丁安装、物理保护、用户账户、口令策略、资源共享、事件审计、访问控制、新系统配置（初始化）、注册表加固、网络安全、系统管理等方面进行识别
	数据库软件	从补丁安装、鉴别机制、口令机制、访问控制、网络和服务设置、备份恢复机制、审计机制等方面进行识别
	应用中间件	从协议安全、交易完整性、数据完整性等方面进行识别
	应用系统	从审计机制、审计存储、访问控制策略、数据完整性、通信、鉴别机制、密码保护等方面进行识别
管理脆弱性	技术管理	从物理和环境安全、通信与操作管理、访问控制、系统开发与维护、业务连续性等方面进行识别
	组织管理	从安全策略、组织安全、资产分类与控制、人员安全、符合性等方面进行识别

2. 脆弱性识别与分析

脆弱性识别所采用的方法主要有：问卷调查、工具检测、人工核查、文档查阅、渗透性测试等。

下面重点介绍一下两种最常见的脆弱性识别方式：工具检测和人工检查。

1）工具检测

使用漏洞检测工具（或定制的脚本）检测脆弱性，检测效率比较高，可以省去大量的手工重复操作。因此，在实际的评估项目工作中，评估单位大多会选择这种方式。

由于对被评估的实际业务系统进行工具扫描具有一定的危险性，可能会对被评估组织造成不良影响。因此在执行扫描之前，应做好十分周到的计划和准备。

扫描计划应尽量详细和精确，一般说来，扫描计划至少应包括如下几个方面的内容。

（1）扫描对象或范围

在扫描计划中，应列出将要被扫描设备的 IP 的地址列表，以明确扫描的

对象和范围。

（2）工具选择和使用

应明确指明扫描工作将要使用的扫描工具，包括：名称、版本、扫描工具所具备的资质等；另外，还需要说明工具使用中的一些细节，例如，扫描的方式、扫描模板的选用等。

为了规避风险，评估单位一般都会使用具有不同等级销售许可的扫描工具，而通常不会选用免费工具。在对涉密信息系统评估时，所选择的评估工具必须具有工具保密主管单位颁发的相应资质。

（3）扫描任务计划

将不同的扫描对象划分为多个扫描任务，在不影响业务的前提下应尽量提高效率；确定扫描开始时间，预计结束时间，并为每个扫描任务选择合理的时间。

（4）风险规避措施

为了规避扫描可能对被评估组织带来的风险，扫描计划中应事先明确扫描之前、扫描过程中以及扫描结束后的风险规避措施。常见的规避措施包括：

● 扫描前，对扫描工具、时间、插件集的合理选择。为防止对系统和网络的正常运行造成影响，评估单位的评估人员应修改、配置一定的扫描、审计策略，使资源消耗降低至最小，限制或不采用拒绝服务模块进行扫描。仅仅在可控环境下，对非重要服务的主机、设备进行某些拒绝服务测试；对那些危险的模块和重要主机则主要采用手动检查的方式

● 提醒用户在扫描前事先对重要系统和数据进行备份。评估人员应协助管理员事先进行必要的系统备份，并检查本地的应急恢复计划是否合理

● 扫描过程中的专人监控

● 扫描后对结果的妥善保管等

在评估实施方案中，虽然已经对这部分的工作进行过计划，但考虑到工具扫描的特殊性，脆弱性识别小组还是很有必要专门制定一份更详细的扫描计划，并在该计划得到被评估组织认可后才能进行扫描工作。

工具扫描开始之前，扫描识别小组和被评估组织的相关人员，应按照评估实施方案和扫描计划的要求，各自落实自己的准备工作，以保证扫描活动的顺利进行。

2）人工检查

虽然使用工具检测漏洞具有非常高的效率，但考虑到工具扫描具有一定风险，在对那些对可用性要求较高的重要系统进行脆弱性识别时，通常会使

用人工检查的方式。人工检查应当包括系统进程检查、注册表检查、日志检查、CPU 检查、内存检查、硬盘检查、应用程序检查等内容。

在对脆弱性进行人工检查之前，需要事先准备好设备、系统或应用的检查列表。

在进行具体的人工检查活动时，识别小组成员一般只负责记录结果，而检查所需的操作通常由相关管理员来完成。

实际上，信息系统存在的大量技术脆弱性，通常都与被评估组织的安全管理或操作控制措施的缺失或薄弱有关。例如，通过漏洞扫描工具检测到的大部分漏洞，一般都是由于系统或应用软件安全补丁缺失或是安全设置薄弱所致。造成这种后果看起来表面原因是被评估组织缺少相应的安全控制措施（如，补丁分发工具、漏洞扫描工具等），而更深层次的原因则是被评估组织在安全管理和操作上存在漏洞，相关人员的安全意识和技能的欠缺。

识别完脆弱性，需要将它与能够利用它的威胁进行关联，以便进行后续的风险分析。表 2-21 是一些常见的脆弱性和威胁关联表，供参考。

表 2-21 常见的脆弱性和威胁对应关系表

脆弱性类别	描述	威胁映射
环境类	缺乏对建筑物、门、窗等的物理保护	盗窃
	对建筑物和房屋等的物理访问控制不充分或不仔细	故意破坏
	不稳定的电力供应	电涌
	建筑物坐落于易发洪水的区域	洪水
硬件	缺少硬件定期更换的计划	存储介质失效
	电压敏感性	电压波动
	温度敏感性	温度大幅度变化
	对湿度、灰尘、泥土等敏感	潮湿、灰尘、泥尘等
	电磁辐射敏感性	电子干扰
	缺乏配置更改控制	配置人员错误
软件	软件测试过程没有或不充分	未授权用户使用
	用户接口复杂	操作人员错误
	缺少用户认证、鉴权机制	用户身份被冒名顶替
	缺乏审计记录	软件被非授权使用
	广为人知的软件漏洞	软件被非授权使用
	未受保护的口令表	用户身份被冒名顶替
	口令管理机制薄弱（如使用易被猜出的口令、用明文存储口令和口令没有强制性定期更改策略等）	用户身份被冒名顶替

脆弱性类别	描述	威胁映射
软件	错误的访问权限分配	用非授权的方式使用软件
	对下载和使用软件没有进行控制	恶意软件
	离开电脑时没有退出登录	软件被非授权使用
	缺乏有效的代码修改控制	软件错误
	缺少文档	操作人员错误
	缺少备份拷贝	恶意软件或火等
	重复使用的介质未进行合适的数据清除处理	未授权用户使用
	不必要的服务被启用	软件被非授权使用
	不成熟的或新软件	不完全和不充分的测试
	广泛分发软件	分发过程中软件的一致性破坏
通信	未保护的通信线路	窃听
	电缆连接点	通信渗透
	缺乏对发送方和接受方身份认证和鉴权机制	身份冒用
	明文传送口令	非法用户访问网络
	缺乏对发送和接受消息的证明	抵赖
	拨号线路	非法用户访问网络
	敏感流量未保护	窃听
	不足的网络管理	流量过载
	未保护的公共网络连接	软件被非授权使用
	不安全的网络结构	网络入侵
文档	未保护的存储介质	盗窃
	丢弃	盗窃
	未对拷贝进行控制	盗窃
人员	人员旷工	人手不足
	未对外部人员或清洁工人的工作进行监管	盗窃
	安全训练不足	操作人员错误
	缺乏安全意识	用户错误
	软件和硬件的错误使用	操作人员错误
	缺乏监控机制	软件被非授权使用
	缺乏对通信介质和消息正确使用的策略	网络设施的非授权使用
	不完美的招聘流程	故意破坏
工作流程	缺乏信息处理设施使用授权	故意破坏
	对公共可用信息的正式处理缺乏授权机制	输入垃圾数据
	缺乏对访问权限审核的正式处理流程	非授权的访问
	缺乏对移动计算机使用的安全策略	盗窃
	缺乏对 ISMS 文档进行控制的处理流程	输入垃圾数据
	缺乏对用户进行注册和注销的正式处理流程	非授权的访问
	缺乏对工作场所外资产的控制	盗窃

脆弱性类别	描述	威胁映射
工作流程	缺乏对 ISMS 文档进行控制的处理流程	输入垃圾数据
	缺乏对用户进行注册和注销的正式处理流程	非授权的访问
	缺乏对工作场所外资产的控制	盗窃
	缺乏服务等级协议	维护错误
	缺乏对办公桌和计算机屏幕的清空策略	信息偷窃
	同客户和第三方的合同里缺乏安全相关的条款	非授权的访问
	同雇员的合同里缺乏安全相关的条款	非授权的访问
	缺少持续性计划	技术故障
	缺乏信息安全责任的合理分配	抵赖
	缺乏电子邮件的使用策略	消息的错误传播
	缺乏风险的识别和评估流程	非授权的系统访问
	缺乏信息处理的分类	用户错误
	缺乏对知识产权的保护流程	信息偷窃
	缺乏安全漏洞的报告流程	非授权的网络设施使用
	缺乏新软件安装的管理流程	操作人员错误
	缺乏对信息处理设施的监控	非授权的访问
	缺乏定期审计	非授权的访问
	缺乏定期的管理审核	资源滥用
	缺乏对安全入侵行为的监控机制	故意破坏
	缺乏对工作岗位的信息安全责任描述	用户错误
	缺乏对管理和操作日志中错误报告的记录	软件被非授权使用
	缺乏对管理和操作日志中记录	操作人员错误
	缺乏对安全事故的处理原则	信息盗窃
业务应用	不正确的参数设置	用户错误
	对应用程序使用了错误的数据	数据不可用
	不能生成管理报告	非授权访问
	日期不正确	用户错误
常见应用	单点故障	通信服务故障
	不充分的维护响应服务	不合适的选择和操作控制等

3. 脆弱性赋值

可以根据对资产的损害程度、技术实现的难易程度、弱点的流行程度，采用等级方式对已识别的脆弱性的严重程度进行赋值。由于很多弱点反映的是同一方面的问题，或可能造成相似的后果，赋值时应综合考虑这些弱点，以确定这一方面脆弱性的严重程度。

对某个资产，其技术脆弱性的严重程度还受到组织管理脆弱性的影响。因此，资产的脆弱性赋值还应参考技术管理和组织管理脆弱性的严重程度。

脆弱性严重程度可以进行等级化处理，不同的等级分别代表资产脆弱性严重程度的高低。等级数值越大，脆弱性严重程度越高。表 2-22 提供了脆弱性严重程度的一种赋值方法。

表 2-22　脆弱性严重程度赋值表

等级	标识	定　义
1	很低	如果被威胁利用，对资产造成的损害可以忽略
2	低	如果被威胁利用，将对资产造成较小损害
3	中	如果被威胁利用，将对资产造成一般损害
4	高	如果被威胁利用，将对资产造成重大损害
5	很高	如果被威胁利用，将对资产造成完全损害

4. 工具与检查列表

1）漏洞扫描工具

绝大部分评估项目中，都会使用到漏洞扫描工具。

在脆弱性识别活动中，使用漏洞扫描工具对被评估系统进行扫描，花费低、效果好、节省大量人力和时间成本。并且扫描工具与网络相对独立，安装运行简单，能够避免仅靠人工方式来检查漏洞，是进行风险分析的强有力的工具。

在评估项目中，安全扫描主要是通过评估工具采用本地扫描的方式对评估范围内的系统和网络进行扫描，从内部和外部（如在防火墙外）两个角度来寻找网络结构、网络设备、服务器主机、数据和用户账号/口令等安全对象目标存在的安全风险、漏洞和威胁。

从网络层次的角度来看，扫描活动可以覆盖以下三个层面。

（1）系统层安全

该层次的安全问题主要来自网络运行的操作系统：UNIX 系列、LINUX 系列、Windows NT 系列以及专用操作系统等。安全性问题通常表现在两方面：一是操作系统本身的不安全因素，主要包括身份认证、访问控制、系统漏洞等；二是操作系统的安全配置存在问题。

　●身份认证：通过 Telnet 对系统账户进行口令猜测

　●访问控制：注册表 HKEY_LOCAL_MACHINE 普通用户可写，远程主机允许匿名 FTP 登陆，FTP 服务器存在匿名可写目录

　●系统漏洞：System V 系统 Login 远程缓冲区溢出漏洞，Mircosoft Windows Locator 服务远程缓冲区溢出漏洞

　●安全配置问题：部分 SMB 用户存在薄弱口令，试图使用 RSH 登陆进

入远程系统

(2) 网络层安全

该层次的安全问题主要指网络信息的安全性，包括网络层身份认证、网络资源的访问控制、数据传输的保密与完整性、远程接入、域名系统、路由系统的安全、入侵检测的手段等。

网络资源的访问控制：检测到无线访问点

域名系统：ISC BIND SIG 资源记录无效，过期时间拒绝服务攻击漏洞，Mircosoft Windows DNS 拒绝服务攻击

路由器：Cisco IOS Web 配置接口安全认证可被绕过，Nortel 交换机/路由器默认口令漏洞，华为网络设备忘记设置口令

(3) 应用层安全

该层次的安全主要考虑网络对用户提供服务所采用的应用软件和数据的安全性，如：数据库软件、Web 服务、电子邮件系统、域名系统、交换与路由系统、防火墙及应用网管系统、业务应用软件已经其他网络服务系统等。

● 数据库软件：Oracle Tnslsnr 没有设置口令，Mircosoft SQL Server 2000 Resolution 服务多个安全漏洞

● Web 服务器：Apache Mod _ SSL/ Apache－SSL 远程缓冲区溢出漏洞，Mircosoft IIS5.0. printer ISAPI 远程缓冲区溢出，Sun ONE/iPlanet Web 服务程序分块编码传输漏洞

● 电子邮件系统：Sendmail 头处理远程溢出漏洞，Mircosoft Windows 2000 SMTP 服务认证有错误

● 防火墙及应用网管系统：Axent Raptor 防火墙拒绝服务漏洞

● 其他网络服务系统：Wingate POP3 USER 命令远程溢出漏洞，Linux 系统 LPRng 远程格式化串漏洞

2) 检查列表

评估单位依据相关安全标准、最佳安全实践以及多年的实践经验，为各类被评估实体对象设计的检查列表主要用于手工识别信息系统中常见组件存在的安全漏洞。

安全检查列表不仅可以避免扫描工具带来的风险，还可以识别工具很难检测到的安全漏洞或薄弱设置。

表 2-23 是针对 Windows 2000 server 安全检查列表，该检查列表所检查的对象并非全部是漏洞，部分检查项属于技术的、管理的或操作的控制措施。这样设计表格，一方面是为了提高检查效率，另一方面是减少对被评估组织相关人员的干扰。

信息安全管理实务

表 2-23 Windows 2000 server 安全检查列表

编号	检查项目	内容说明		备注
1	安全策略			
1.1	是否启用了密码复杂性策略			
1.2	是否启用了密码长度策略	长度最少 8 位以上		
1.3	是否启用密码更改周期策略			
1.4	是否启用账户锁定			
1.5	是否启用账户锁定时间			
1.6	是否启用账户自动复位			
1.7	是否启用审核策略			
1.8	是否设置了"IP安全策略管理"			
1.9	设定安全记录的访问权限			
2	安全加固			
2.1	本地账户安全			
2.1.1	是否停掉 Guest 账号	任何时候都不允许 Guest 账号登录系统。为了保险起见，最好给 Guest 加一个复杂的密码		
2.1.2	是否删除不必要的用户账号	去掉所有的 Duplicate User 账户，测试用账户、共享账号、普通部门账号等等		
2.1.3	是否创建 2 个管理员用账号	创建一个一般权限账号用来收信以及处理一些日常事物，另一个拥有 Administrators 权限的账号只在需要的时候使用。可以让管理员使用"RunAs"命令来执行一些需要特权才能作的一些工作		
2.1.4	是否把系统 administrator 账号改名	该账号不能停用，改名可以预防暴力破解		
2.1.5	不同管理员是否使用各自的管理帐号			
2.1.6	是否创建一个陷阱账号	将权限设置为最低		
2.2	服务安全			
2.2.1	是否关闭不必要的服务			
2.2.2	是否关闭不必要的端口			
2.2.3	是否关闭默认共享			
2.3	文件系统			
2.3.1	所有磁盘逻辑分区是否为 NTFS 格式			
2.3.2	是否使用了 NTFS 所提供的安全特性			

续前表

编号	检查项目	内容说明		备注
2.4	注册表的安全设置			
2.4.1	关机时是否清除掉页面文件	HKLM \ SYSTEM \ Current Control Set \ Control \ session Manager \ Memory Management 把 Clear Page File At Shut dowm 的值设置成 1		
2.4.2	是否不让系统显示上次登录的用户名	HKLM \ Software \ Microsoft \ Windows NT \ Current Version \ Winlogon \ Dont Display Last User Name 把 REG _ SZ 的键值改成 1		
2.4.3	是否禁止建立空连接	Local _ Machine \ System \ Current Control Set \ Control \ LSA-Restrict Anonymous 的值改成 "1" 即可		
2.4.4	是否锁住注册表			
2.4.5	防止 ICMP 重定向报文的攻击	HKEY _ LOCA _ MACHINE \ SYSTEM \ Current Control Set \ Services \ Tcpip \ Parameters Enable ICMP Redirects REG _ DWORD 0x0 （默认为 0xl）		
2.4.6	是否禁用 IGMP 协议	HEKY _ LOCAL _ MACHINE \ SYSTEM \ Current Control Set \ Services \ Tcpip \ Parameters IGMP Lecel REG _ DWORD 0x0 （默认值为 0x2）		
2.4.7	是否禁止死网关监测	HKEY _ LOCAL _ MACHINE \ SYSTEM \ Current Control Set \ Services \ Tcpip \ Parameters Enable Dead GW Detect REG _ DWORD0x0 （默认值为 0x0）说明：如果设置了多个网关，那么当机器在处理多个连接有困难时，就会自动改用备份网关。有时候这样并不一定合适，建议禁止死网关监测		

编号	检查项目	内容说明		备注
2.4.8	是否启用防 DoS	HKLM \ SYSTEM \ Current Control Set \ Services \ Tcpip \ Parameters 中更改以下值可以帮助你防御一定强度的 DoS 攻击（注册表键值略）		
3	升级与维护			
3.1	是否使用了管理应用程序	Terminal Service，Pc Any Where		
3.2	分区格式是否为 NTFS	提高数据的安全性		
3.3	是否采用分区安装原则	系统和应用软件以及数据分开放置		
3.4	是否对分区设置了安全限制	通过用户进行权限的职责的划分		
3.5	是否指定专人来维护设备			
3.6	系统维护是否有文字记录			
3.7	是否定期对服务列表进行检查			
3.8	是否进行了日志监视			
3.9	是否定期对开放的端口和链接进行监视			
3.10	是否对关键的共享数据进行了监视			
3.11	是否对进程和系统信息监视			
3.12	是否建立了应急响应机制			
3.13	是否对运行服务建立了基准线			
3.14	是否安装了最新的补丁程序			
3.15	是否对病毒库进行定期升级			
3.16	是否对服务器进行定期备份			
3.17	是否对备份系统或磁盘进行相应的安全防护			

5. 评估过程文档（脆弱性列表）输出

脆弱性识别、赋值完成后，需要输出漏洞识别、检测的原始文件，并对识别的漏洞进行汇总、分析、分类，最终形成脆弱性列表，有助于被评估组织的信息安全主管或高层领导了解当前信息系统的安全状况。

2.2.5 已有安全措施确认

在识别脆弱性的同时，评估人员应对已采取的安全措施的有效性进行检查，检查安全措施是否有效发挥了作用，即是否真正地降低了系统的脆弱性，抵御了威胁。对于已经有效地发挥了其作用的安全措施，应继续保持，而不用重复建设安全措施；对于不适当的安全措施，应对其进行改进，或采用更合适的安全措施替代。

已有安全措施确认与脆弱性识别存在一定的联系。安全措施识别小组成员可以从脆弱性识别结果中间接地发现某些控制措施是否缺失或薄弱。例如，在服务器扫描结果中存在大量的安全漏洞，这可能意味着：信息系统缺少补丁分发工具（这属于技术控制措施的缺失），并且被评估组织缺少补丁管理规定或补丁更新工作不到位（这属于管理和操作控制措施薄弱）。一般来说，安全措施的使用将减少系统或管理上的弱点，但安全措施确认并不需要和脆弱性识别过程那样具体到每个资产、组件的弱点，而是一类具体措施的集合。

有效的安全控制措施，不仅可以降低安全事件发生的可能性，还可以减轻安全事件造成的不良影响。因此，在进行安全风险分析计算之前，非常有必要识别目前已有的安全控制措施，包括安全控制措施的识别与确认、管理和操作控制措施的识别与确认。同时对措施的有效性进行分析，以便为后续的风险分析提供参考依据。安全措施识别与确认，应由评估小组的安全控制措施识别小组、安全设备管理人员及安全设备厂家技术人员共同参与。

1. 安全控制措施的识别与确认

安全控制措施可分成技术控制措施、管理和操作控制措施两大类，接下来将分类介绍如何识别与确认安全控制措施。

1）技术控制措施的识别与确认

（1）技术控制措施的识别

技术控制措施一般会随着信息系统建立、运行维护，不断建设和完善，其保护对象通常十分明确，所以识别的工作比较简单。例如，通过查看被评估组织最新的网络拓扑图，可以识别被评估组织目前已有的网络安全技术控制措施；配合人员访谈的方式，便可以更全面地了解技术控制措施。

一般来说，安全控制措施识别小组按照网络层、系统层、应用层和数据层分别进行。其中：网络层重点关注在网络层面上的安全技术控制措施，比如防火墙、NIDS、路由器、交换机、安全网关、加密机、病毒过滤网关等；系统层重点关注系统层面上的安全技术控制措施，通常用于保护特定的系统，比如，防病毒软件、补丁分发工具、HIDS、桌面管理系统；应用层则针对应用或应用自身所固有的安全控制措施，例如，用于特定应用的身份设施、特定应用的审计功能；数据层专门用于数据防护的安全控制措施，例如一致性校验、存储和备份系统。

上述分层识别的方式直观易懂，但在识别每一个层面的安全技术控制措施时，还是难免会发生遗漏。所以，可以针对每个层面，从不同的安全服务或功能入手，识别已有技术控制措施。

- 鉴别与认证
- 授权
- 访问控制
- 冗余与备份
- 内容安全

识别结束后，应该按照一定的格式记录识别结果。记录已有控制措施时，应注明每项技术控制措施的目的、型号、所在位置和防护范围等。还有一点，通过访谈、分析，安全控制措施识别小组应提出缺失的技术控制措施及理由。

（2）有效性确认

确认已有安全控制措施的有效性，是检查控制措施是否达到了被评估组织的期望。确定安全技术控制措施有效性的方式有很多，主要有以下三种：

①访谈和调查

作为已有安全控制措施的使用者和受益者，被评估组织的人员最熟悉这些技术控制措施的实施效果，所以识别小组可以对这些相关人员进行访谈，从他们的反馈信息中，了解各项技术措施的有效性。对于通用安全产品，还可以参考中立组织的评测报告或向被评估组织之外的其他用户了解其实际安全效果。

②工作原理分析

针对某些已过时的安全技术控制措施或产品，可以通过分析其工作原理，确定其有效性。

③无害测试

识别小组可以通过无害测试的方式，检验安全控制措施的有效性。测试工作存在一定的风险，因此需要事先做好相应的规避措施。包括：所有的路由器、交换机、无线网桥和防火墙是否都进行了安全配置管理，配置内容是否都经过审核确认并记录存档；是否在边界路由器上对进出流量进行了过滤配置以防止 IP 地址欺骗攻击；数据服务器是否部署在内部网而不是专门的服务器区等。

将上述技术控制措施识别和有效性确认的结果整理好以后，按照一定的层次和顺序展现给被评估组织，让他们明确地知道：哪些技术控制措施达到了预期的效果并应该保留；哪些技术控制措施不能实现预期的安全目标而应该被替换或加强。

表 2-24 是一个关于网络的技术控制措施的部分识别确认表格，供参考。

表 2-24　技术控制措施识别和有效性确认示例表

控制目标和技术	无计划	已计划	已实行	是否定期审核	实施或审核情况及其他补充说明
2 关于网络的技术控制措施					
2.1 所有的路由器、交换机、无线网桥和防火墙是否都进行了安全配置管理，配置的内容都经过审核确认并记录存档					
2.2 如果使用了无线网络技术，是否限制只有经过授权的设备才能访问此网络					
2.3 防火墙设备的更换是否必须经过授权并记录后才能进行					
2.4 是否使用了防火墙设备对企业网络流量进行限制和保护					
2.5 是否在边界路由器上对进出流量进行了过滤配置以防止 IP 地址欺骗攻击					
2.6 企业业务数据库服务器是否部署在内部网而不是 DMZ					
2.7 如果使用了无线网络，在无线网络和有线网络的边界是否使用了防火墙					
2.8 每台办公用的笔记本电脑是否安装了个人防火墙软件和反病毒软件					
2.9 Web 服务器是否部署在专门的 DMZ 区域					
2.10 防火墙是否启用了 NAT 服务					

2）管理和操作控制措施的识别与确认

对于管理和操作控制措施的识别与确认，可以参照有关信息安全管理标准（BS7799/ISO17799）或最佳安全实践（NIST 的有关手册）制定的评估表格进行。具体的工作方式主要是访谈和调查，识别小组在开展管理和操作控制措施的识别与确认工作时，可以采取如下几个步骤：

（1）步骤 1：制定评估表格

在识别和确认过程中，应注意根据实际需求对通用的评估表格进行裁剪，以适应被评估组织自身的实际情况。例如，经常使用的 ISO17799 检查列表，包含针对电子商务的控制措施，如果被评估组织不存在这种类型的业务时，就应该去掉检查列表中的相应检查项。再如，对涉密组织进行评估时，如果

信息安全管理实务

被评估组织的信息系统上最高承载的信息密级为机密级，那么使用保密机关的评测表格时，应删掉那些与绝密级的控制措施相对应的检查项。表 2-25 是 ISO17799 检查列表的部分内容。

表 2-25　ISO17799 检查列表部分内容示例表

索引		范围、对象和问题		结果及备注	
本表格	标准	主题	问题	结果	备注
安全策略					
1.1	3.1	信息安全策略			
1.1.1	3.1.1	信息安全策略文档	是否存在信息安全策略（文档），并传达给了所有人员；策略是否阐述了被评估组织管理信息安全的架构和流量		
1.1.2	3.1.2	检查和更新	是否为策略指定了所有者，负责按照预先制订的程序对策略进行检查和更新；是否有程序保证策略文档的检查和更新过程被启动（如发生重大安全事件、发现新的漏洞等）		
组织安全					
2.1	4.1	信息安全基础架构			
2.1.1	4.1.1	信息安全论坛	是否具有管理层论坛，为组织内的信息安全发起工作提供指导和支持		
2.1.2	4.1.2	信息安全协调	是否具有由来自不同部门的管理层代表组成的委员会，负责协调信息安全控制措施的实施		
2.1.3	4.1.3	信息安全职责的分派	是否明确定义了资产的保护职责和安全防护具体过程		
2.1.4	4.1.4	信息处理设备的授权过程	向信息系统中引入新的设备（软件和硬件）时，是否需要经过一个明确的管理层授权过程		
2.1.5	4.1.5	专家建议	是否能够获得信息安全专家的建议；是否指定了内部的某个人员负责协调组织内部的知识和经验，保证其连续性，并为信息安全决策提供帮助		
2.1.6	4.1.6	组织间的协作	是否通过与法律部门、服务商签订合同，保证一旦发生了安全事件，能够立即采取行动或得到相应建议		

索引		范围、对象和问题		结果及备注	
2.1.7	4.1.7	中立的信息安全检查	是否定期对信息安全策略的实施情况进行了客观的检查，保证信息安全事件符合信息安全策略		
2.2	4.2	第三方访问的安全			
2.2.1	4.2.1.	识别第三方访问带来的风险	是否识别出了第三方访问而带来的风险，并采取了适当的控制措施； 是否对访问的类型进行了识别和分类，并确定访问的需要是合理的		
2.2.2	4.2.2	第三方合同中的安全要求	是否在合同中包括了全部的安全需求，以保证满足组织的安全策略和标准		
2.3	4.3	外包			
2.3.1	4.3.1	外包合同中的安全要求	当组织将自己的全部或部分系统、网络或桌面外包给第三方时，在与第三方签订的合同中是否涉及到了安全要求。 合同中应该包括如何满足法律方面的要求、组织的资产如何维护和测试、恰当的审计、物理安全问题，以及一旦发生灾难如何保证服务的可用性		

（2）步骤2：确定访谈对象

在被评估组织项目负责人的配合下，为安全管理和操作控制措施调查表中的不同部分，确定和落实访谈对象。为保证访谈和调查活动能够获得翔实的、对风险分析有实际意义的调查结果，应为不同的检查项选择合适的访谈对象。不同的组织在部门划分、人员分工上必然存在差异，因此在选择访谈对象时，应结合被评估组织的组织架构进行。

（3）步骤3：访谈与调查

确定了评估表格和访谈对象后，已有安全措施识别小组成员应按照各自的分工和计划，开始访谈和调查活动。

解释：在访谈过程中，尽管需要回答的问题都是"是"与"否"的答案，但识别小组成员仍然需要向被访谈对象充分解释每个调查问题的含义，尽量避免访谈者由于不理解各检查项的含义回答问题。

调查：对于那些访谈者无法回答或回答含糊的调查问题，识别小组成员应对被访谈者进行更加深入的提问，获取更多的信息；必要时，可要求对方出示有关证据，以保证访谈结果的真实性。

记录：识别小组成员和被访谈者经过充分有效的沟通后，共同确定每个调查项的调查结果。并且，在每个调查项之后的"备注"栏中，全面地记录访谈过程中对整个评估活动有用的信息。

2. 已有安全控制措施的赋值与统计

已有安全控制措施的赋值表如表 2-26 所示。识别小组成员需要对调查结果进行统计和分析，便于被评估组织的高层能从全局角度了解组织当前的安全管理状况。同时，应该根据统计结果，结合被评估组织的实际情况，明确指出安全管理的哪些方面存在不足，需要加强。

表 2-26　安全控制措施的赋值表

已有控制措施	定义
0	没有相应的控制措施
0.5	有相应的控制措施但不够完善或未得到很好的实施
1	有相应的控制措施且比较完善，并得到很好的实施

3. 工具及调查表

（1）符合性检查工具

符合性检查工具的用途是检查被评估组织当前对安全标准或策略的符合程度。各种组织在信息安全方面，都需要满足来自于外部的（法律法规、标准等）要求或来自组织内部自定的要求（如组织自身的安全策略），这些要求之间不可避免地存在着大量交叉和重叠。为帮助用户摆脱上述困境，近期在市场上出现了一些基于标准并可根据实际需求自定制的符合性检查工具。这类产品可以使用户跟踪并提高对法律法规、标准或策略的符合程度，从而降低信息安全风险。这类符合性检查工具可以极大提高识别小组在进行符合性检查时的工作效率，它可以用来辅助快速地完成：评估表格的制定、调查结果与标准、策略等要求的关联，调查结果的处理及展现等。

（2）调查表

调查表分两类：一类是《技术控制措施调查表》，用于调查和记录已部署的安全控制措施；另一类是《管理和操作控制措施调查表》，对照安全管理标准，调查和记录已采用的安全管理和操作控制措施。

4. 评估过程文档（已有安全控制措施确认表）输出

已有安全控制措施识别与确认阶段应输出以下结果：

（1）技术控制措施识别和确认结果。包括已有安全技术体系的描述；各项技术控制措施调查结果、统计分析结果、有效性分析结果；缺失或薄弱的安全控制措施列表。

(2) 管理和操作控制措施识别和确认结果。包括已有安全管理和操作控制措施的调查结果、统计分析结果、有效性分析结果;缺失或已经失效的管理和操作控制措施情况。

2.2.6 风险分析

1. 风险分析

风险计算前需要将业务、资产、威胁、脆弱性及已有的控制措施一一对应起来,具体风险分析时不能仅仅以某一特定的信息资产为单元来进行风险分析,如某台服务器或小型机等,这样虽然简单明了,但却无法有效地跟业务联系起来。每种业务的进行肯定都离不开一定资产的支持,值得注意的是,同一资产可以分别归属于一个或多个不同的业务,而识别出来的系统的所有信息资产及其对应的威胁、脆弱性和已有控制措施等却是一个公共的基础数据。所以在进行风险分析时应该以业务为单元,抽取其所对应的所有信息资产来进行分析。对于一种资产,可以列出其脆弱性、可能受到的威胁、已采取的控制措施,如表2-27所示:

表 2-27 某资产的威胁、脆弱性及已有控制措施映射表

资产	脆弱性	威胁	已有控制措施
软件	无逻辑访问控制	偷窃软件	
		非法访问数据	数据口令管理
		破坏数据	数据备份
	无业务持续性计划	火灾、地震、洪水等	
		战争、恐怖袭击等	

2. 风险计算原理

风险定义为威胁利用脆弱性导致安全事件发生的可能性。

在完成了资产识别、威胁识别、脆弱性识别,以及对已有安全措施确认后,将采用适当的方法与工具进行安全风险分析和计算。下面使用的范式形式化说明风险计算原理:

$$风险值 = R(A, T, V) = R[L(T, V), F(Ia, Va)]$$

其中:R 表示安全风险计算函数,A 表示资产,T 表示威胁出现频率,V 表示脆弱性,Ia 表示安全事件所作用的资产价值,Va 表示脆弱性严重程度,L 表示威胁利用资产的脆弱性导致安全事件发生的可能性,F 表示安全事件发生后产生的损失。

在风险计算中有以下三个关键计算环节：

1）计算安全事件发生的可能性

根据威胁出现频率及脆弱点的状况，计算威胁利用脆弱点导致安全事件发生的可能性，即：

$$安全事件发生的可能性＝L(威胁出现频率,脆弱性)＝L(T,V)$$

在具体评估中，应综合攻击者技术能力（专业技术程度、攻击设备等）、脆弱性被利用的难易程度（可访问时间、设计和操作知识公开程度等）、资产吸引力等因素来判断安全事件发生的可能性。

2）计算机安全事件发生后的损失

根据资产价值及脆弱性严重程度，计算安全事件一旦发生后的损失，即：

$$安全事件的损失＝F(资产价值,脆弱性严重程度)＝F(Ia,Va)$$

部分安全事件的发生造成的损失不仅仅是针对该资产本身，还可能影响业务的连续性；不同安全事件的发生对组织造成的影响也是不一样的。在计算某个安全事件的损失时，应将对组织的影响也考虑在内。

部分安全事件损失的判断还应参照安全事件发生可能性的结果，对发生可能性极小的安全事件，如处于非地震带的地震威胁、在采取完备供电措施状况下的电力故障威胁等，可以不计算其损失。

3）计算风险值

根据计算出的安全事件发生的可能性以及安全事件的损失，计算风险值，即：

$$风险值＝R(安全事件发生的可能性,安全事件的损失)$$
$$＝R[L,(T,V),F(Ia,Va)]$$

评估者可根据自身情况选择相应的风险计算方法计算风险值，如矩阵法或相乘法。矩阵法通过构造一个二维矩阵，形成安全事件发生的可能性与安全事件的损失之间的二维关系；相乘法通过构造经验函数，将安全事件发生的可能性与安全事件的损失进行运算得到风险值。

2.3节中列举的几种风险计算方法可作参考。

3. 风险结果判定

为实现对风险的控制与管理，可以对风险评估的结果进行等级化处理。可以将风险划分为一定的级别，如划分为5级或3级。等级越高，风险越高。

评估值应根据所采用的风险计算方法，计算每种资产面临的风险值，根据风险值的分布状况，为每个等级设定风险值范围，并对所有风险计算结果进行等级处理。每个等级代表了相应风险的严重程度。

表 2-28 提供了一种风险等级划分方法。

表 2-28   风险等级划分表

等级	标识	描　　述
1	很低	一旦发生造成的影响几乎不存在,通过简单的措施就能弥补
2	低	一旦发生造成的影响程度较低,一般仅限于组织内部,通过一定手段很快能解决
3	中	一旦发生会造成一定的经济、社会或生产经营影响,但影响面和影响程度不大
4	高	一旦发生将产生较大的经济或社会影响,在一定范围内给组织的经营和组织信誉造成损害
5	很高	一旦发生将产生非常严重的经济或社会影响,如组织信誉严重破坏、严重影响组织的正常经营,经济损失重大、社会影响恶劣

风险等级划分是为了在风险管理过程中对不同风险进行直观的比较,以确定组织安全策略。组织应当综合考虑风险控制成本与风险造成的影响,提出一个可接受的风险范围。对某些资产的风险,如果风险计算值在可接受的范围内,则该风险是可接受的风险,应保持已有的安全措施;如果风险评估值在可接受的范围外,即风险计算值高于可接受范围的上限值,是不可接受的风险,需要采取安全措施以降低、控制风险。

4. 风险处理计划

对不可接受的风险应根据导致该风险的脆弱性制定风险处理计划,风险处理计划中应明确指出采取的弥补弱点的安全措施、预期效果、实施条件、进度安排、责任部门等。安全措施的选择应从管理与技术两个方面考虑,管理措施可以作为技术措施的补充。安全措施的选择与实施应参照信息安全的相关标准进行。

在对于不可接受的风险选择适当安全措施后,为确保安全措施的有效性,可进行再评估,以判断实施安全措施后的残余风险是否已经降低到可接受的水平。残余风险的评估可以依据本学习单元讲述的风险评估流程实施,也可根据实际需要做适当的裁减。一般来说,安全措施的实施是以减少脆弱性或降低安全事件发生的可能性为目标的,因此,残余风险的评估可以从脆弱性评估开始,在对照安全措施前后的脆弱性状况后,再次计算风险值的大小。

某些风险可能在选择了适当的安全措施后,残余风险的结果仍处于不可接受的风险范围内,应考虑是否接受此风险或进一步增加相应的安全措施。

5. 使用工具

进行人工风险分析时，要使用到风险分析计算表，如果采用自动化计算工具来完成风险分析，将使用一些商业化或评估单位自己定制的自动化工具，具体可参考 2.4 节风险评估工具中介绍的安全管理评价系统。

6. 评估文档（风险分析阶段结果）输出

风险分析阶段结束后，要求输出相应的评估文档：风险评估报告、风险处理计划、风险评估记录。

2.2.7 风险评估文件记录

1. 风险评估文件记录的要求

风险评估过程记录的相关文件，应当符合如下要求（包括但不仅限于此）：

（1）确保文件发布前是得到相关批准的。

（2）确保文件的更改和现行修订状态是可识别的。

（3）确保文件的分发得到合理的控制，并确保在使用时可获得相关版本的适用文件。

（4）防止作废文件的非预期使用，若因某种目的必须要保留作废文件时，应对这些文件进行适当的标识。

对于风险评估过程中形成的相关文件，还应规定其标识、储存、保护、检索、保存期限以及处置所需的控制。

相关文件是否需要以及文件的详略程度由组织的管理者来决定。

2. 风险评估文件

风险评估文件是指在整个风险评估过程中产生的评估过程文档和评估结果文档，包括（但不仅限于此）：

（1）风险评估方案：阐述风险评估的目标、范围、人员、评估方法、评估结果的形式和实施进度等。

（2）风险评估程序：明确评估的目的、职责、过程、相关的文件要求，以及实施本次评估所需要的各种资产、威胁、脆弱性识别和判断依据。

（3）资产识别清单：根据组织在风险评估程序文件中所确定的资产分类方法进行资产识别，形成资产识别清单，明确资产的责任人/部门。

（4）重要资产清单：根据资产识别和赋值的结果，形成重要资产列表，包括重要资产名称、描述、类型、重要程度、责任人/部门等。

（5）威胁列表：根据威胁识别和赋值的结果，形成威胁列表，包括威胁名称、种类、来源、动机及出现的频率等。

（6）脆弱性列表：根据脆弱性识别和赋值的结果，形成脆弱性列表，包括具体脆弱点的名称、描述、类型及严重程度等。

（7）已有安全措施确认表：根据对已经采取的安全措施确认的结果，形成已有安全措施确认表，包括已有安全措施的名称、类型、功能描述以及实施效果等。

（8）风险评估报告：对整个风险评估过程和结果进行总结，详细说明被评估对象，风险评估方法、资产、威胁、脆弱性的识别结果、风险分析、风险统计和结论等内容。

（9）风险处理计划：对评估结果中不可接受的风险制订风险处理计划，选择合理的控制目标及安全措施，明确责任、进度、资源，并通过对残余风险的评价以确定所选择安全措施的有效性。

（10）风险评估记录：按照风险评估程序，要求风险评估过程中的各种现场记录可重现评估过程，并作为产生歧义后解决问题的根据。

2.3　风险的计算方法

对资产的风险综合判断方法可以分为结构化的风险计算方式、非结构化的风险计算方式两种。评估者可以根据实际威胁分析的结果、资产划分的粒度在评估实践中综合使用。

结构化的风险计算方式，对风险所涉及的指标进行详细分析，得出风险结果，其结论详细。非结构化的风险计算方式通常都是建立在通用的威胁列表和脆弱性列表之上，用户根据类表提供的线索对资产面临的威胁和威胁可利用的脆弱性进行选择，从而确定风险。

本节介绍了几种用于判断资产风险的判断方法。这几种方法在使用中各有侧重点，评估者可以根据组织的需求和实际情况，选择相应的判断方法和过程。

2.3.1　风险矩阵测量法

这种方法的特点是事先建立资产价值、威胁等级和脆弱性等级的一个对应矩阵，预先将风险等级进行了确定。然后根据不同资产的赋值从矩阵中确定不同的风险。使用本方法需要首先确定资产、威胁和脆弱性的赋值，要完成这些赋值，需要组织内部的管理人员、技术人员、后勤人员等的配合。资产风险判别矩阵如表 2-29 所示。

表 2-29　资产风险判别矩阵

| 威胁级别 | 低 | | | 中 | | | 高 | | |
脆弱性级别	低	中	高	低	中	高	低	中	高
资产值 0	0	1	2	1	2	3	2	3	4
1	1	2	3	2	3	4	3	4	5
2	2	3	4	3	4	5	4	5	6
3	3	4	5	4	5	6	5	6	7
4	4	5	6	5	6	7	6	7	8

对于每一资产的风险，都将考虑资产价值、威胁等级和脆弱性等级。例如，如果资产值为 3，威胁等级为"高"，脆弱性为"低"。查表可知风险值为 5。如果资产值为 2，威胁为"低"，脆弱性为"高"，则风险值为 4。由上表可以推知，风险矩阵会随着资产值的增加、威胁等级的增加和脆弱性等级的增加而扩大。

当一个资产是由若干个子资产构成时，可以先分别计算子资产所面临的风险，然后计算总值。例如，系统 S 有三种资产：A1，A2，A3。并存在两种威胁：T1，T2。设资产 A1 的值为 3，A2 的值为 2，A3 的值为 4。如果对于 A1 和 T1，威胁发生的可能性为"低"，脆弱性带来的损失是"中"，则频率值为 1（见表 2-12），则 A1 的风险为 4。同样，设 A2 的威胁可能性为"中"，脆弱性带来损失为"高"，得风险值为 6。对每种资产和相应威胁计算其总资产风险值。总系统分数 ST＝A1T＋A2T＋A3T。这样可以比较不同系统来建立优先权，并在同一系统内区分各资产。

2.3.2　威胁分级计算法

这种方法是直接考虑威胁、威胁对资产产生的影响以及威胁发生的可能性来确定风险。

使用这种方法时，首先确定威胁对资产的影响，可用等级来表示。识别威胁的过程可以通过两种方法完成。一是准备威胁列表，让系统所有者去选择相应的资产的威胁，或由评估团队的人员识别相关的威胁，进行分析和归类。

然后评价威胁发生的可能性。在确定威胁的影响值和威胁发生的可能性之后，计算风险值。风险的计算方法，可以是影响值与可能性之积，也可以是之和，具体算法由用户来定，只要满足是增函数即可。在本例中，将威胁的影响值确定为 5 个等级，威胁发生的可能性也确定为 5 个等级。而风险的测量采用以上两值的乘积。具体计算如表 2-30 所示。

表 2-30　威胁分级计算法

资产	威胁描述	影响（资产）值	威胁发生可能性（c）	风险测度	风险等级划分
某个资产	威胁 A	5	2	10	2
	威胁 B	2	4	8	3
	威胁 C	3	5	15	1
	威胁 D	1	3	3	5
	威胁 E	4	1	4	4
	威胁 F	2	4	8	3

经过表 2-13 的细分，风险被分为 25 个等级。在具体评估中，可以根据这种方法明确表示"资产—威胁—风险"的对应关系。

2.3.3　风险综合评价法

这种方法中风险由威胁产生的可能性、威胁对资产的影响程度以及已经存在的控制措施三个方面来确定。与风险矩阵法和威胁分级法不同，本方法将控制措施的采用引入风险的评价之中。

在这种方法中，识别威胁的类型是很重要的。从资产的识别开始，接着识别威胁以及威胁产生的可能性。然后对威胁造成的影响进行分析，在这里对威胁的影响进行了分类型的考虑。比如对人员的影响、对财产的影响、对业务的影响。在考虑这些影响时，是在假定不存在控制措施的情况下的影响。将以上各值相加添入数值表中。比如，本例中将威胁发生的可能性分为 5 级：1～5；威胁的影响也分为 5 级：1～5。在威胁发生的可能性和威胁的影响确定后，计算总的影响值。本例中采用加法。方法可由用户在使用过程中确定。

最后分析是否采用了能够减小威胁的控制措施。这种控制措施包括从内部建立的和从外部保障的，并确定它们的有效性，对其赋值。本例中将控制措施的有效性从小到大分为 5 个等级：1～5。在此基础上根据公式求出总值，即风险值，如表 2-31 所示。

表 2-31　风险评估表

威胁类型	可能性	对人的影响	对财产的影响	对业务的影响	影响值	已采用的控制措施		风险度量
						内部	外部	
威胁 A	4	1	1	2	8	2	2	4

2.3.4　安全属性矩阵法

这种方法将资产的三个安全属性（完整性、机密性、可用性）与两个安全风险（意外行为、故意行为）联系到一起形成一个风险矩阵，如图 2-5 所示。

图 2-5　风险矩阵

　　通过这个矩阵，在风险分析过程中识别风险，同时识别控制措施。评估中，首先识别要评估的资产，接着对影响资产的完整性、机密性和可用性的威胁进行识别。形成一个风险列表——风险矩阵，如图 2-6 所示。然后再根据这个风险矩阵形成控制措施的矩阵，如图 2-7 所示。

资产：数据

	完整性	机密性	可用性	
意外事件	·输入错误数据 ·重复输入 ……	·系统使用完毕后没有注销 ……	·存储介质意外损坏 ……	不希望发生的事件
故意行为	·错误传达信息 ……	·未授权访问 ……	·拒绝服务攻击 ·破坏数据	未授权发生的事件
	修改或破坏信息	泄露信息	信息或服务中断	

图 2-6　风险分析矩阵

资产：数据

	完整性	机密性	可用性	
意外事件	·编辑检查 ·检查 ……	·访问控制 ……	·数据备份措施 ……	不希望发生的事件
故意行为	·审计 ……	·访问控制 ……	·离线存储 ·业务连续性计划	未授权发生的事件
	修改或破坏信息	泄露信息	信息或服务中断	

图 2-7　控制措施矩阵

也可以首先建立通用风险矩阵和通用控制措施矩阵，然后在其中选择可能会面临的风险以及相应的控制措施。

2.4　风险评估的工具

风险评估工具是保证风险评估结果可信度的一个重要因素。风险评估的工具包括安全管理评价系统、系统软件评估工具、风险评估辅助工具三类。安全管理评价工具则根据一定的安全管理模型，基于专家经验，对输入输出进行模型分析；系统软件评估工具主要用于对一些信息系统的部件（如操作系统、数据库系统、网络设备等）的漏洞进行分析，或实施基于漏洞的攻击；风险评估辅助工具是一套集成了风险评估各类知识和判据的管理信息系统，用规范风险评估的过程和操作方法，或者是用于收集评估所需要的数据和资料，监控某些网络行为的日志系统。

2.4.1　安全管理评价系统

此类工具主要从安全管理方面入手，评估资产所面临的威胁。评估的方式可以通过问卷的方式，也可以通过结构化的推理过程，建立模型、输入相关信息，得出评估结论。通常这种系统在对信息安全风险进行评估后都会有针对性地提出风险管理措施。这种风险评估工具通常建立在一定的算法之上，风险由重要资产、所面临的威胁以及威胁所利用的脆弱点三者来确定。也有通过建立专家系统，利用专家经验进行风险分析，给出专家结论，这种评估工具需要不断进行知识库的扩充，以适应不同的需要。

常用的自动化评估工具包括 CRAMM、COBRA、ASSET、CORA、@RISK等，具体介绍如下：

1. CRAMM 工具简介—— CRAMM（CCTA Risk Analysis and Management Method）是由英国政府的中央计算机与电信局 Central Computer and Telecommunications Agency，CCTA）于 1985 年开发的一种定量风险分析工具，同时支持定性分析。经过多次版本更新，目前由 Insight 咨询公司负责管理和授权。CRAMM 是一种可以评估信息系统风险并确定恰当对策的结构化方法，适用于各种类型的信息系统和网络，也可以在信息系统生命周期的各个阶段使用。CRAMM 的安全模型数据库基于著名的"资产/威胁/弱点"模型，评估过程经过资产识别与评价、威胁和弱点评估、选择合适的推荐对策这三个阶段。CRAMM 与 BS 7799 标准保持一致，它提供的可供选择的安全控制多达 3 000 个。除了风险评估，CRAMM 还可以对符合 99vIL（99v

Infrastructure Library）指南的业务连续性管理提供支持。

2. COBRA 工具简介——COBRA（Consultative，Objective and Bi-functional Risk Analysis）是英国的 C&A 系统安全公司推出的一套风险分析工具软件，它通过问卷的方式来采集和分析数据，并对组织的风险进行定性分析，最终的评估报告中包含已识别风险的水平和推荐措施。此外，COBRA 还支持基于知识的评估方法，可以将组织的安全现状与 ISO 17799 标准相比较，从中找出差距，提出弥补措施。C&A 公司提供了 COBRA 试用版下载：http://www. security-risk-analysis. com/cobdown. htm。

3. ASSET 工具简介——ASSET（Automated Security Self-Evaluation Tool）是美国国家标准技术协会（National Institute of Standard and Technology，NIST）发布的一个可用来进行安全风险自我评估的自动化工具，它采用典型的基于知识的分析方法，利用问卷方式来评估系统安全现状与 NIST SP 800—26 指南之间的差距。NIST Special Publication 800—26，即信息技术系统安全自我评估指南（Security Self-Assessment Guide for Information Technology Systems），为组织进行 99v 系统风险评估提供了众多控制目标和建议技术。ASSET 是一个免费工具，可以在 NIST 的网站下载：http://icat. nist. gov。

4. CORA 工具简介—— CORA（Cost-of-Risk Analysis）是由国际安全技术公司（International Security Technology, Inc. www. ist-usa. com）开发的一种风险管理决策支持系统，它采用典型的定量分析方法，可以方便地采集、组织、分析并存储风险数据，为组织的风险管理决策支持提供准确的依据。

5. @Risk 工具简介——@Risk 是被全世界广泛使用的风险评估工具，协助使用者在风险环境下做出最正确的决策。对所有可能的结果，@Risk 可以协助评估其发生的机率，并以图形和报表呈现，进而让使用者避免损失或甚至掌握契机。

6. 微软的风险评估工具 Microsoft Security Accessment Tool（MSAT）工具简介——微软安全评估工具（MSAT）是微软的一个风险评估工具，与 MBSA 直接扫描和评估系统不同，MSAT 通过填写的详细的问卷以及相关信息，MSAT 处理问卷反馈，并评估组织在诸如基础结构、应用程序、操作和人员等领域中的安全实践，然后提出相应的安全风险管理措施和意见。所以如果说 MBSA 是个扫描器，则 MSAT 就是个风险评估工具。微软的 MSAT 是免费工具，可以从微软网站下载，但需要注册。下载地址：http://www. microsoft. com/china/security/msat/default. asp，http://download. micros-

oft. com/downloa… b09f60add44/MsatSetup. msi。

7. Microsoft 基准安全分析器（MBSA）——作为 Microsoft 战略技术保护计划（Strategic Technology Protection Program）的一部分，并为了直接满足用户对于可识别安全方面的常见配置错误的简便方法的需求，Microsoft 开发了 Microsoft 基准安全分析器（MBSA）。MBSA Version 1.2 包括可执行本地或远程 Windows 系统扫描的图形和命令行界面。MBSA 运行在 Windows 2000 和 Windows XP 系统上，并可以扫描下列产品，以发现常见的系统配置错误：Windows NT 4.0、Windows 2000、Windows XP、Windows Server 2003、Internet Information Server（IIS）、SQL Server、Internet Explorer 和 Office。MBSA 1.2 还可扫描下列产品，以发现缺少哪些安全更新：Windows NT 4.0、Windows 2000、Windows XP、Windows Server 2003、IIS、SQL Server、IE、Exchange Server、Windows Media Player、Microsoft Data Access Components（MDAC）、MSXML、Microsoft Virtual Machine、Commerce Server、Content Management Server、BizTalk Server、Host Integration Server 和 Office。微软的 MBSA 是免费工具，下载地址：http://www. microsoft. com/china/techne…urity/tools/mbsahome. mspx。

2.4.2　系统软件评估工具

系统软件评估工具包括脆弱点扫描工具和渗透性测试工具。脆弱点扫描工具也称为安全扫描器、漏洞扫描仪，用于识别网络、操作系统、数据库系统的安全漏洞。通常情况下，这些工具能够发现软件和硬件中已知的安全漏洞，以决定系统是否易受已知攻击的影响，并且寻找系统脆弱点。渗透性测试工具是根据漏洞扫描工具扫描的结果，进行模拟黑客测试，判断这些漏洞是否能够被他人利用。这种工具可以是针对某个漏洞攻击的软件，也可以是一些脚本文件。渗透性测试的目的是检测已发现的漏洞是否真会给系统或网络环境带来威胁。通常渗透性工具与漏洞扫描工具一起使用。

比较常用的系统软件评估工具有 ISS Internet Scanner、Nessus、SAINT 等。具体介绍如下：

1. ISS Internet Scanner 工具简介：ISS Internet Scanner（应用层风险评估工具）始于 1992 年一个小小的开放源代码扫描器，它是相当好的，但价格昂贵，使用开源软件 Nessus 来代替它也是一个不错的选择。使用平台：Windows；网址：http://www. iss. net/products_services/enterprise_protection/vulnerability_assessment/scanner_internet. php。

2. Nessus 工具简介：Nessus 是一款可以运行在 Linux、BSD、Solaris 以及其他一些系统上的远程安全扫描软件。它是多线程、基于插入式的软件，拥有友好的 GTK 界面，能够完成超过 1 200 项的远程安全检查，具有强大的报告输出能力，可以产生 HTML、XML、LaTeX 和 ASCII 文本等格式的安全报告，并且会为每一个发现的安全问题提出解决建议。使用平台：Linux/BSD/Unix；网址：http://www.nessus.org/。

3. SAINT 工具简介：Saint 是一款商业化的风险评估工具，但与那些仅支持 Windows 平台的工具不同，SAINT 运行在 UNIX 类平台上，过去它是免费并且开放源代码的，但现在是一个商业化的产品。使用平台：Linux/BSD/Unix；网址：http://www.saintcorporation.com/saint/。

2.4.3　风险评估辅助工具

风险评估辅助工具主要包括：入侵检测工具、安全审计工具、调查问卷、检查列表、人员访谈、拓扑发现工具等，主要用来收集评估所需要的数据和资料，帮助完成现状分析和趋势分析。如入侵监测系统（IDS），帮助检测各种攻击试探和误操作；同时也可以作为一个警报器，提醒管理员发生的安全状况。

安全审计工具主要是用来记录网络行为，分析系统或网络安全现状，其所提供的审计记录为风险评估提供安全现状数据。

科学的风险评估需要大量的实践数据和经验数据的支持，因此历史数据和技术数据的积累是风险评估科学性和预见性的基础。根据各种评估过程中需要的数据和知识，可以将风险评估辅助工具分为评估指标库、知识库、漏洞库、算法库和模型库。

2.5　思考与练习

1. 简述信息安全风险评估的实施流程。
2. 在评估准备阶段机构应做好哪些工作？
3. 阐述资产价值和资产成本价格的区别和联系。
4. 简述产生安全威胁的主要因素。
5. 威胁的可能性赋值受哪些因素影响？
6. 简述本学习单元给出的风险计算原理的形式化表述。
7. 评估过程中主要应形成哪些文件？评估文件应遵循哪些要求？
8. 风险评估报告的主要内容包括哪些？

9. 请上网搜索 SOC 产品及服务功能。

10. 请上网搜索符合性检查工具的工作原理。

11. 请上网下载使用免费的安全管理评价系统，如微软的 MSAT 风险评估软件。

12. 请上网下载使用免费的系统软件评估工具，如 Nessus。

学习单元 3　信息安全策略制定与推行

【学习目的与要求】

　　了解并掌握信息安全策略的概念、重要性；了解何时制定策略，怎样开发策略；掌握策略制定的流程等相关要素以及如何有效应用信息安全策略的方法等。

3.1　信息安全策略

　　【案例】2004 年春节后上班的第一天，某集团公司北京信息中心的网络管理员，打开了节日期间关闭的邮件服务器，刚上班的员工们都忙着下载和浏览积压的邮件，他们没有想到一场灾难正慢慢逼近，由于刚打开的邮件服务器的防病毒软件没有即时更新病毒库，邮件中夹带的病毒迅速泛滥，很快就使网络及服务器无法正常工作，信息中心主任带领手下五六名管理员进行了为期一周的杀毒拉锯战，最终还是成为了病毒的手下败将，在没有办法的情况下，只好把所有的服务器格式化，重新安装服务器操作系统与应用软件。信息中心主任感慨地说："要是早制定了即时更新的防病毒策略，并严格遵守，就不会吃这么大的苦头了！……"

　　这位信息中心主任所说的防病毒策略就是信息安全策略的一种。安全策略的制定与正确实施对组织的安全有着非常重要的作用，不仅能促进全体员工参与到保障组织信息安全的行动中来，而且能有效地降低由于人为因素所造成的对安全的损害。

3.1.1　定义

　　信息安全策略（Information Security Policy）从本质上来说是描述组织具有哪些重要信息资产，并说明这些信息资产如何被保护的一个计划，其目的就是对组织中成员阐明如何使用组织中的信息系统资源，如何处理敏感信息，如何采用安全技术产品，用户在使用信息时应当承担什么样的责任，详细描述对员工的安全意识与技能要求，列出被组织禁止的行为。安全策略由组织管理层批准、印制及向全体员工公布，并能让有关人员访问和透彻理解，这是整个安全管理体系有效运作的根本保证。

人们常常抱怨在策略里面找不到具体的执行程序。程序是执行的详细步骤，而一个策略是对程序应该实现的目标的一句声明。安全策略使用一般的术语，所以他们并不影响具体的执行过程。

信息安全策略的设计范围通常包括物理安全策略、网络安全策略、数据备份策略、病毒防护策略等十几种策略（见表 3-1）。

表 3-1　信息安全策略的设计范围

序号	策略种类	主要内容
1	物理安全策略	物理安全策略包括环境安全、设备安全、媒体安全、信息资产的物理分布、人员的访问控制、审计记录、异常情况的追查等
2	网络安全策略	网络安全策略包括网络拓扑结构、网络设备的管理、网络安全访问措施（防火墙、入侵检测系统、VPN 等）、安全扫描、远程访问、不同级别网络的访问控制方式、识别/认证机制等
3	数据加密策略	数据加密策略包括加密算法、适用范围、密钥交换和管理等
4	数据备份策略	数据备份策略包括适用范围、备份方式、备份数据的安全存储、备份周期、负责人等
5	病毒防护策略	病毒防护策略包括防病毒软件的安装、配置、对软盘使用、网络下载等作出的规定等
6	系统安全策略	系统安全策略包括 WWW 访问策略、数据库系统安全策略、邮件系统安全策略、应用服务器系统安全策略、个人桌面系统安全策略、其他业务相关系统安全策略等
7	身份认证及授权策略	身份认证及授权策略包括认证及授权机制、方式、审计记录等
8	灾难恢复策略	灾难恢复策略包括负责人员、恢复机制、方式、归档管理、硬件、软件等
9	事故处理、紧急响应策略	事故处理、紧急响应策略包括响应小组、联系方式、事故处理计划、控制过程等
10	安全教育策略	安全教育策略包括安全策略的发布宣传、执行效果的监督、安全技能的培训、安全意识的教育等
11	口令管理策略	口令管理策略包括口令管理方式、口令设置规则、口令适应规则等
12	补丁管理策略	补丁管理策略包括系统补丁的更新、测试、安装等
13	系统变更控制策略	系统变更控制策略包括设备、软件配置、控制措施、数据变更管理、一致性管理等
14	商业伙伴、客户关系策略	商业伙伴、客户关系策略包括合同条款安全策略、客户服务安全建议等
15	复查审计策略	复查审计策略包括对安全策略的定期复查、对安全控制及过程的重新评估、对系统日志记录的审计、对安全技术发展的跟踪等

3.1.2　信息安全策略的特性

信息安全策略必须有清晰和完整的文档描述，必须有相应的措施保证信息安全策略得到强制执行。在组织内部，必须有行政措施保证既定的信息安全策略不打不折扣地执行，管理层不允许任何违反组织信息安全策略的行为存在，另外，也需要根据业务情况的变化不断地修改和补充信息安全策略。

信息安全策略的内容应该有别于技术方案，信息安全策略只是描述一个组织保证信息安全的途径的指导性文件，它不涉及具体做什么和如何做的问题，只需指出要完成的目标。信息安全策略是原则性的和不涉及具体细节，对于整个组织提供全局性指导，为具体的安全措施和规定提供一个全局性框架。在信息安全策略中不规定使用什么具体技术，也不描述技术配置参数。

信息安全策略的描述语言应该是简洁的、非技术性的和具有指导性的。比如一个涉及对敏感信息加密的信息安全策略条目可以这样描述：

"任何类别为机密的信息，无论存储在计算机中，还是通过公共网络传输时，必须使用本公司信息安全部门指定的加密硬件或者加密软件予以保护。"

这个叙述没有谈及加密算法和密钥长度，所以当旧的加密算法被替换、新的加密算法被公布的时候，无须对信息安全策略进行修改。

信息安全策略的另外一个特性就是可以被审核，即能够对组织内各个部门信息安全策略的遵守程度给出评价。

3.1.3　策略的重要性

虽然策略并不讲述它是如何确保的，但正确地定义要保护什么，要保证正确的控制能够合理地执行。策略描述要保护什么，要在控制上加什么约束。虽然不涉及产品选择和开发周期，但是策略对产品选择和最佳实践措施（Best Practice）可以起到指导作用。遵循这些指导方针，将使系统更加安全。

管理层如果参与创建信息安全策略，他们可以提供编写工作的政策支持，对整个安全程序更为可行。有管理层的支持总是非常重要的，因为如果没有领导者的参与，雇员们是不会认真对待策略的。所以，如果你得不到上级管理层的支持，在你编写完策略之前，这项任务就宣告失败了。

要制定一个好的信息安全策略，必须与决策层进行有效沟通，并得到组织管理层领导的支持与承诺，这有三个作用：一是制定的信息安全策略与组织的业务目标一致；二是制定的安全方针政策、控制措施可以在组织的上上下下得到有效的贯彻；三是可以得到有效的资源保证，比如在制定安全政策时必要的资金与人力资源的支持，及跨部门之间的协调问题都必须由高层管理人员来推动。

获得管理层的支持可以尝试说服他们。如，指出系统和数据本身都有实在价值，并举例说明一个外部人员（或心怀不满的内部员工）是如何轻易地获取那些很敏感的公司内部信息，并导致公司的正常业务运作被破坏的。也可以给他们出示研究报告、文章，列举一些典型案例。如果仍然不能说服他们，恐怕只有等到公司发生一次这方面（网络安全）的事故了。

管理层也许会说每个人应当对他自己的安全负责。也许在短期内是可行的，但是这样做不利于公司内部的协作。如果一个部门使用一种标准而另外一个部门使用另一种标准，那么部门之间的协作将是一个问题。使用策略可以确保在每种安全情况下，整个公司都使用同一种标准。这种一致性可以使公司的集成度更高，更容易和客户交流，使整个系统保持一种安全感。

3.1.4　制定策略的目的

理想情况下，制定策略的最佳时间应当是在发生第一起网络安全事故之前，及早地做这些事情，有利于安全管理员了解什么需要保护，以及可以采取什么措施。而且，为一个发展中的基础设施编写策略总比为配合一个现存的业务运作环境而改编策略要容易一些。制定信息安全策略的目的有：

1. 减少风险，减轻责任

一般来说，所有的业务运作过程都有一定程度的风险，所以要引入安全措施来减少这种风险。安全策略要考虑业务运作过程，应用最佳实践措施，这样可以在重要数据丢失时减轻责任。

随着有关计算机病毒防护、网络安全及计算机犯罪的相关报道频繁地出现于新闻媒体中，执法部门已经加大力度来打击此类违法犯罪活动。越来越多的人要求法庭把书本的法律条文应用到电子领域。没有制定安全策略的公司就会发现他们没有索赔一类的权利，不知道如何维护公司的合法权益（涉及电子领域），因为法庭依据的是书面策略的条文，而不是实际情况。因此，在对簿公堂之前，编写出明确的安全策略，从法律角度来看对公司是很有利的。

现代经济提高了电子信息的价值，电子信息以及存储这些信息的系统（软件、硬件、数据）和业务运作是如此的密不可分，以至于有的公司很自然地想到为它们投保。作为一道必需的程序，保险公司会向那些投保的公司询问安全策略和方法，他们问的第一个问题就是安全策略。对于没有安全策略的公司，大部分保险公司都不予考虑。保险公司认为，如果没有经历过制定安全策略的过程，一家公司不会知道要保护什么，所以接受它们的投保太冒险了。

最后，一个包括软件开发策略在内的安全策略对于开发更安全的系统是有指导作用的。通过创建这些指导方针和标准，开发者将会有章可循，测试者可以明了测试的对象，管理员也会清楚需求是什么。自适应型（即无策略）的开发，投资和责任都很大。制定软件开发策略并作为开发者的指南，可以减轻以后的责任。

2. 发生安全事故以后的弥补

在安全事故发生以后来实施安全策略就像是亡羊补牢，尽管太晚了，但至少可以保护羊圈里剩下的羊。千万不要认为发生过一次的事情就再也不会发生，相反，发生过一次的事情很有可能再次发生。

当发生过一次安全事故以后，在制定策略的时候，不要只把重点放在被攻破的地方。因为那只是许多应该注意的众多地方中的一处。要从全局考虑问题，永远不要把它们孤立对待。只有这样，才能编写出一个综合而全面的策略。

3. 顺应客户的需求

政府、政府相关部门、政府签约商以及业务涉及到公众部门的企事业单位都必须提供一种方法确保它们系统的安全性。政府和其他用户也越来越多地要求明确定义的信息安全策略。拥有一份安全策略可以在一定程度上表明你在满足用户的需求。即使开始新的开发过程，安全策略给客户的感觉是，你对他们所关心的安全问题抱着很认真的态度。

政府对安全性的要求似乎每时每刻都在变化，唯一不变的是这种需求，即政府部门制定安全策略，规定政府签约商如何遵守这些安全策略，同时还要遵守它们自己已有的条例。由于越来越多这方面的建议被提出，对安全策略的需求也会增多。如果你的公司为政府工作或者和政府合作，一份安全策略应该是你首先要关心的事情，这将使你避免许多麻烦。

4. 展示质量控制过程

除了展示对用户安全需求的顺应，公司也许还想展示它们的运作过程是符合质量控制标准的。国际标准化组织（ISO）9001规定了一个验证质量控制的标准，该标准适用于所有的商业运作过程。如果你的公司想通过这种认证，对于质量控制标准所要求的可评价的安全程序来说，安全策略可以作为该程序实施的指导方针。

3.1.5 怎样开发策略

在动手编写策略文档之前，应当先确定策略的总体目标，是为了保护公司以及公司和客户之间的往来，还是为了保护整个系统的数据流的安全性。无论何种目的，首先要做的就是确定你要保护什么以及为什么要保护它们。

策略可以涉及硬件、软件、访问、用户、连接、网络、电信以及实施等。在动手编写之前，首先应该确定什么系统和过程对于公司的业务来说是重要的，这有助于确定需要什么样的策略，需要哪些策略来完成你的任务。总而言之，这时的目标是，你必须保证已经把所有可能需要策略的地方都考虑到了。

1. 确定要编写哪些策略

信息安全策略并不一定只由一份文档组成。为了方便，也可能包括很多文档。应该避免只编写一份策略文档，最好写许多单独的文档，把它们定义为你的信息安全策略的章节。这将使策略易于理解，易于分配，也给个人提供培训机会，因为每个策略都有自己负责的区域。对策略分区也有利于日后的修改和更新。

那么，你需要编写多少个策略？要回答这个问题，就必须弄清楚，在你的业务范围和目标中，你可以标出多少个区域？对于你业务范围内的每一个系统和责任范围内的每一个子系统，你都应当定义一个策略文档。把电子邮件策略从 Internet 使用策略中区分出来是合理的，把病毒防护策略从 Internet 使用策略中独立出来也是没有问题的。也可以划分得更细一些，例如账号管理策略、便携式计算机使用策略、口令管理策略、防病毒策略、软件控制策略、E-mail 使用策略、Internet 访问控制策略等。每一种主题可以借鉴相关的标准和惯例，例如，环境和设备安全可以参考的国家标准有 GB 50174—93《电子计算机机房设计规范》、GB 2887—89《计算站场地技术条件》、GB 9361—88《计算站场地安全要求》等（当然这些标准制定的时间比较早，组织需要根据自己的情况判断吸收，一些信息安全要求比较高的组织可能在很多方面要超过这些标准的要求，对于大型组织也可以参考这些项目自己开发相应的标准）。但是每个主题的策略都应该简洁、清晰地阐明什么行为是组织所望的，提供足够的信息，保证相关人员仅通过策略自身就可以判断哪些策略内容是和自己的工作环境相关的，是适用于哪些信息资产和处理过程的。例如"绝密级的技术、经营战略，只限于主管部门总经理或副总经理批准的直接需要的科室和人员使用……使用科室和人员必须做好使用过程的保密工作，而且必须办理登记手续"。使每一位职员都明确组织对他授予了什么权利，以及对信息资源所负的责任。

2. 风险评估/分析或者审计

了解组织的基础设施的唯一方法就是对整个企业进行一次全面的风险评

估、风险分析或者审计。风险评估是对组织内部各个部门和下属雇员对于组织重要性的间接度量。一般对于一个业务组织，不存在不计成本的信息安全策略。因此，这样做可以使策略编写者对组织内部信息技术的发展程度获得很好的了解，可以根据被保护信息的重要性决定保护的级别和开销。

虽然这使得这项工作看起来更复杂，但是它有助于编写者考虑到体系结构的每一个方面。

作为风险评估的一部分，公司也许还想作一些安全方面的渗透性测试。这个测试要同时在内部和外部网络上执行，对每一个已知的访问点（即外部可以通过该点访问内部网路）进行测试，以发现所有未知的访问点。这种广泛的评估为了解网络配置提供了必要的信息，这些信息可以用来决定配置、访问以及其他策略，也可以明确网络是如何支持公司业务的。

最好雇请外面的独立第三方专业公司来完成风险评估/风险分析。这样做的原因是因为他们不清楚你的系统、你所认为的最佳措施（Best Practice）或者其他的内部信息，这使得他们做评估的时候不会带有偏见。外部公司可以从一个黑客的角度来观察你的系统：一个潜在的漏洞，让我们看看能干些什么！这使得他们可以发现系统的漏洞、弱点和其他问题，这对于策略编写者来说是应该考虑的。

当挑选外部公司来进行风险评估的时候，要确定他们有足够的资源能够了解最新的安全信息和业界最佳实践措施。因为这是进行彻底的风险评估的必要条件。他们必须清楚信息技术的各个方面所涉及的风险，因为进行风险评估是这些公司的日常工作，所以他们在做测试的时候所能发现的问题也更多，在策略制定过程中保持这种客观观察事物的态度是非常有益的。

3.2　信息安全策略制定

信息安全策略必须是书面的。有的组织对这点不够重视，并且为此找很多的借口，诸如"我们计划做这些工作，但是都还处于准备阶段"，"我们还没有形成成熟的信息安全策略，只是有一些指南性的东西"，"我们曾经安排某人负责这个事情，但是他后来离开了"等等。如果一个组织没有书面的信息安全策略，就无法定义和委派信息安全责任，无法保证所执行的信息安全控制的一致性，信息安全控制的执行也无法审核。信息安全策略的编写是系统性和管理性很强的工作，需要特别关注编写人员构成、前期准备工作、编制原则、策略主体内容、策略的结构、措辞等几个方面。

3.2.1 编写信息安全策略的人员构成

编写有效的、有权威的和易于执行的组织信息安全策略不是一个容易的工作，选择什么人制定信息安全策略对它的可接受性有非常大的影响。

信息安全策略的编写者，必须了解组织的文化、目标和方向，信息安全策略只有符合组织文化才更容易被遵守。所编写的信息安全策略还必须符合组织已有的策略和规则，符合行业、地区和国家的有关规定和法律。信息安全策略的编写者应该熟悉当前的信息安全技术，深入了解信息安全能力和技术解决方案的限制。不宜将信息安全策略的制定任务交给第三方的咨询机构，也不宜直接采用其他组织的信息安全策略，这样做可能与已有的组织策略冲突，不适合组织文化的特点。

组成编写人员的多少视策略的规模与范围的大小而定，通常制定一个小规模的安全策略只需 1～2 人，要制定较大规模的安全策略可能需要 5～10人。对小型组织，信息安全策略的制定者可以是技术负责人，对大型组织，信息安全策略的制定者可以是一个由多方人员组成的联合工作组，这个联合工作组还要负责持续的策略实施、评估和修订。下面是联合工作组的一种组成方式：

（1）负责人

（2）各级管理人员

（3）安全人员（信息安全官员、专业信息安全技术人员）

（4）技术人员（系统管理员、系统分析员、IT 技术人员和过程管理人员等）

（5）业务人员（业务部门经理和重要业务的代表）

（6）雇员代表

（7）人力资源部门的人员

（8）法律人员

（9）股东代表

管理层应该指定一个具有足够高职位的人负责联合工作组的工作，这个人最好是核心管理层成员。信息安全策略本身就是管理策略，所以必须吸收各级管理层参加，而安全人员和技术人员可以保证信息安全策略获得很好的技术支撑，同时由于信息安全策略影响组织的业务发展，所以必须吸收有代表性的业务人员参加，这样可以保证所采用的信息安全控制的代价/效果比较为合理。假如组织是一个上市公司，所编制的信息安全策略和规程还必须得到董事会和股东代表的同意，还要征求雇员代表和律师的意见，保证所制定的信息安全策略符合法律和规定。

吸收雇员代表和股东代表参加可以增加信息安全策略的广泛性和可信性，有助于发现被忽略的问题。如果要想通过信息安全策略影响整个组织人员的行为，就必须让组织的最高管理层认同。在信息安全策略制定过程中，高层管理者、部门经理、一般工作人员的意见应该通过适当的渠道反映上来，这样在实施信息安全策略的时候，阻力就会变小。

对一个组织，信息安全需求主要有四个来源：

（1）来自信息安全风险分析，通过分析确定安全威胁，威胁发生的可能性和潜在影响。

（2）来自有关法律、法令、规定和合同等方面的信息安全需求。

（3）来自贸易伙伴、合同商和服务提供商的信息安全需求。

（4）来自该组织信息处理的特定原则、目标和需求。

联合工作组的组成应该覆盖上述几种信息安全需求。

3.2.2　编写信息安全策略的前期准备

组织要制定一个科学系统的信息安全策略首先必须回答下面的问题：

（1）组织有哪些重要信息资产（信息和信息处理设施）？

（2）这些资产面临着什么样的威胁？

（3）组织的业务在多大程度上依赖于这些资产？这些资产一旦失效、失控或者泄密会给组织带来多大的损失？

（4）资产失效、失控或者泄密的可能性有多大？

要回答这些问题，组织必须进行风险评估/风险分析，识别出重要信息资产和相应的风险。风险评估至少需要考虑的因素包括法律法规的要求、合作伙伴的要求和组织自身业务发展的要求等。专业的风险评估应该对风险进行量化，分类/级排序，以作为策略优先等级的依据。

1. 风险分析阶段的准备工作

信息安全策略表明组织愿意和能够承担多大的信息安全风险。在编写信息安全策略之前，信息安全风险分析阶段的工作已经完成，包括：

（1）确定希望保护的资产。

（2）标识全部相关的信息安全脆弱性与威胁，以及威胁发生的可能性。

（3）选择哪些信息安全控制来保护信息资产，明确了效果和代价。

（4）与有关方面充分交流新的信息安全手段和影响。

2. 应该特别注意的准备工作

如果信息安全风险分析阶段的工作不够细致和扎实，则应该在这个阶段弥补和完成。还应该特别注意下面的准备工作：

（1）重新检查信息安全风险分析阶段的调查问卷，帮助了解组织的管理者和雇员对组织信息资产的态度，了解业务人员所期待的是什么级别的信息安全保护，发现他们不愿当众表达的想法，在此基础上制定的信息安全策略容易得到大家的认可。通过调查问卷还可以统计资产的使用频度，使用频度会影响信息安全控制的选择。

（2）再次仔细分析所有业务过程，确定其安全威胁、可能性和后果。计算可能的信息安全控制以及相关代价，计算信息安全风险降低的数值。花费比信息资产价值还要大的代价去防护一种不会发生的安全威胁显然是不明智的。

（3）对组织的所有信息进行分类，明确哪些雇员可以以哪些形式访问哪些信息，比如哪些雇员可以修改哪些文档，哪些雇员可以打印哪些文档，哪些雇员可以阅读哪些文档。

（4）不将信息访问权利作为雇员级别和重要性的标志，采用"需要知道"的原则，对任何雇员都以最少了解为原则。即使对于 CEO 也是如此。假如一个组织允许它的 CEO 任意访问财务系统，那么一旦有人窃取了他的口令，就会造成极大的危害。

（5）根据雇员的工作职能进行分组，定义角色，比如人力资源、会计、市场、开发、质量保证、系统支持和清洁人员等等。根据每种角色的工作职能，在信息安全防护和生产率之间进行权衡，确定他们信息资源的访问权限，明确谁可以访问什么，谁需要有哪些权限。

（6）按照组织资产的识别和描述，将有重要价值的资产重新定位到更安全的办公区域，采取强化的物理安全控制保护这些资产。比如将最重要的服务器放到一个物理访问限制最严密的房间，就可以减少恶意和非法活动发生的可能性。

（7）确定内部用户是否可以使用外部资源和需要使用哪些外部资源，确定外部用户中谁需要使用内部资源和需要使用哪些内部资源。比如让所有雇员访问互联网会造成时间和网络宽带的浪费，增加恶意入侵的可能，一种好的选择是可以将互联网访问压缩到某些特定的时间段进行。

（8）对使用互联网进行业务活动的组织，要考虑在不安全的环境中更好地保护组织的信息资产的安全。

3.2.3　信息安全策略的编制原则

信息安全策略如果可读性好，就容易收到预期效果。信息安全策略包含的内容越多，雇员在理解和执行信息安全策略方面付出的努力就越多，如果信息安全策略包括模糊和不能理解的叙述，就会影响信息安全目标的实现，也会给雇员造成困扰。信息安全策略的编制通常要考虑以下六个原则：

1. 满足四个 C 的要求

四个 C 是指 Clear（清晰）、Concise（简洁）、Coherent（连贯）和 Consistent（一致），这样容易被用户理解和遵守。

2. 结构规范

如果信息安全策略包括多个文件，应该规划好信息安全策略的结构，避免文件中的不一致。比如，备份计划是否同时出现在系统管理员手册、事故响应计划和应急计划中？如果同一内容出现在三个地方，方便了用户参考，但是要避免可能的不一致。

3. 易读性

编写文件时就要考虑到易读性，在某个文件内部，如果按照读者来组织内容，就能够减少读者翻阅文件的时间，这一点与系统管理员手册不同，系统管理员手册的组织方式不一定适合普通读者的阅读习惯。另外，读者已经知道的内容和将要参考的内容在编排上应该尽量有所区别，这样可以让读者集中注意力到需要关注的地方，比如读者要执行的任务和要担负的责任；对于大型文件，比如有一个主文件和多个其他附件，应该有一个读者指南。

4. 明确五个 W

这五个 W 是 Who、What、Where、When 和 Why，在编写信息安全策略时明确这五个问题，可以提高信息安全策略的可读性、有效性和可用性。增加读者阅读时的舒适和愉悦，在信息安全策略编写时注意紧扣这五个基本问题，就可以避免信息安全策略文件的臃肿；同时信息安全策略的描述文字不能过于抽象，否则在实际的操作中会变得无法使用。

5. 单页策略原则

信息安全策略的叙述应该简洁，如果读者阅读大段的文字却找不到有关的信息，就会严重影响信息安全策略的实施。切记简洁！牢记读者很忙，只是匆忙打开文件，寻找某条安全策略或者规程，也许恰恰就是你正在编写的那条，所以尽可能简短和直接地解释，把附加信息放到后面的附录里。减少信息安全策略文件的长度，就增加了读者的舒适度。国外的研究发现表明：多页的信息安全策略往往会被束之高阁，不被执行。要避免这种情况的发生，就要尽可能地将信息集中。如果长度不超过一页，就会大大提高可读性。由于信息安全策略涉及的主题广泛，假如将它们放在一个文件中，就会变成一个冗长的文档，但是如果把它们分割成单独的策略，就可以集中读者的注意力。

6. 实用性原则

管理者可能也经常提到"我们组织有信息安全策略"，但是实际上并没有发挥它们的作用，而是被搁置在某个角落里。当组织发生安全事故时，管理者和雇员依靠的仍然是自己的经验，而不是参考经过细致研究的信息安全策略。这种情况即使在美国的大企业和重要政府部门也经常出现。信息安全策略是针对信息安全威胁的，在实际的信息系统中，信息安全威胁是确确实实存在的，增加信息安全策略的针对性，就可以增强信息安全策略的实用性。

3.2.4　信息安全策略的编制流程

不同素质的人员制定信息安全策略需要的时间不同，但是总体来说，信息安全策略的编写是耗费时间的过程，下面是信息安全策略制定的一般工作流程。

1）了解组织业务特征、企业文化和相关法律法规

充分了解组织业务特征是设计信息安全政策的前提，只有了解组织业务特征，才能发现并分析组织业务所处的风险环境，并在此基础上提出合理的、与组织业务目标相一致的安全保障措施，定义出技术与管理相结合的控制方法，从而制定有效的信息安全政策和程序。了解相关信息安全的标准和法规，有时候可能还需要了解制定这些法规和标准的背景材料。

2）阅读相似的策略

参考类似组织的信息安全策略、安全标准和信息安全管理经验。特别要重视那些信息安全策略执行比较成功的组织的经验。搜集好的实践案例，包括安全指南、安全标准和安全工具，让本组织的信息安全策略达到业界较好的水平。

3）草拟大纲

草拟信息安全策略大纲，提交给上级主管部门或者专门的委员会审核。

4）修改大纲

根据意见反馈，修改信息安全策略大纲，撰写信息安全策略草稿。如果在这之前组织在这方面没有任何积累，从头开始编写信息安全策略是很困难的，利用其他组织的信息安全策略模版，或者具有共性的例子进行修改和剪裁，可能是更为合理的选择。

5）起草拟订安全策略并送审

根据前面风险评估与选择安全控制的结果，起草拟订安全策略，安全策略要尽可能地涵盖所有的风险和控制，没有涉及的内容要说明原因。进行信息安全策略草稿评审，保证它符合既定的标准。一般信息安全策略应该包含下面的元素：目标/范围/策略描述/责任/活动。

6）检查一致性

对照信息安全策略的起草要求，对信息安全策略草稿进行内部评审检查和一致性检查，确定其是否能够满足该组织的信息安全需求。

7）试颁布

在内部评审完成后，颁布信息安全策略初稿，交由管理者和法律工作者评审其可行性。

8）复审

收集意见，对信息安全策略初稿再一次进行内部工作组评审。

9）正式颁布并实施

在评审完成以后，信息安全策略可以正式颁布试用。安全策略通过测试评估、复审后，需要由管理层正式批准实施。可以把安全方针与具体安全策略编制成组织信息安全政策手册，然后发布到组织中的每个员工与相关利益方，明确安全责任与义务。

10）策略的持续改进

安全策略制定实施后，并不能"高枕无忧"，组织要定期评审安全政策，并进行持续改进，因为组织所处的内外环境是不断变化的，组织的信息资产所面临的风险也是一个变数，组织中的人的思想、观念也在不断的变化，在这个不断变化的世界中，组织要想把风险控制在一个可以接受的范围内，要对控制措施及信息安全策略持续的改进，使之在理论上、标准上及方法上与时俱进。

3.2.5　信息安全策略的参考结构

表 3-2 是一个信息安全策略的结构，供编写者参考。

表 3-2　信息安全策略的参考结构

1.0　导言 陈述信息安全策略的目标，所针对的安全问题和期望得到的结果。 2.0　范围 明确描述该信息安全策略适用的系统和软件。 3.0　策略依据 3.1　组织机构及职责 3.1.1　网络管理员职责 3.1.2　网络安全管理员职责 3.1.3　网络安全审计员职责 　…… 3.2　概要 言简意赅地说明该信息安全策略的要旨 3.3　具体要求 3.3.1　策略条目 1 详细描述具体的信息安全策略规定

续前表

```
3.3.2    策略条目 2
         ……
4.0    强制手段
推行该信息安全策略的强制手段
5.0    术语定义
该信息安全策略所涉及的一些技术术语定义和解释
6.0    修订记录
该信息安全策略的修订记录
7.0    有效期限
信息安全策略的有效期限
```

3.3   信息安全策略审查与批准

对任何一种公司文档来说，进行审查是一种惯例。信息安全策略是不同类型的文档，审查过程不仅要从技术方面考虑安全，也要从法律方面进行考虑，因为它和公司利益密切相关。

在批准之前，必须对整个评审过程有清楚的了解。显然，第一次审查将由作者本人进行，接着，不同的部门将依次进行审查。如果公司有一位首席信息官（CIO），他的权力应该在审查委员会之上。策略涉及的部门或分部的负责人也会进行审查并提出意见。最后，企业的律师也要参与这个过程，尽管所有的人都不喜欢律师的介入。律师对策略中的某些部分很熟悉，比如策略的实施以及如何监督策略的执行。

管理层对文档的最终版本提出意见——也就是批注过程，这相对来说容易多了。批准应该是在审查之后的。然而，如果管理层不同意这些文档，那就还需要重新工作。

最后，在策略写好、批准，管理层实现了它的指示以后，策略就必须被执行，没有监督措施的策略就会被任意违反，这和社会法律也需要强制执行一样。如果人们对于规定都置之不理，还要仔细检查创建安全策略的过程。策略必须有执行规定，而且这些措施是必须执行的。

3.4   信息安全策略推行

实施信息安全策略可能会增加雇员的工作负担，所以在开始时雇员很可能有抵触情绪，导致信息安全策略不能立刻奏效，在制定和推行信息安全策略时，对这一点应该有充分的思想准备。一方面行政领导要努力推行信息安全策略，另一方面信息安全策略的制定者也应该保证所编写的信息安全策略符合已有法规，如果信息安全策略内容清晰、容易使用，也会有利于实施。从信息资源的所有者和信息资源的使用者那里归纳出明确的信息安全需求时，最需要来自管理层的支持。另外，信息安全策略的执行也需要管理者通过奖惩来维护。一些成功的信息安全案例说明，管理者的支持对于建立合作气氛非常重要，没有管理层的支持，下属往往不予合作。

为了使信息安全策略能够顺利推行，有必要制定信息安全策略推行的计划与战略。而制定策略推行计划，必须对实施信息安全策略的对象有充分的了解，这样制定出的计划和战略才有针对性和可行性。

3.4.1 信息安全策略推行的计划与战略制定

在制定策略推行计划时，必须明确以下几个问题：

要制定的信息安全策略推行计划是什么，以及你准备如何重视它？你的听众是谁，他们的"教育程度"如何？是不是有必要将计划分为两部分，一部分给那些对计算机比较懂的人，一部分给那些不懂计算机的人？你准备如何影响和打动你的听众？更重要的是，你准备如何让你的听众对改善公司的信息资产有兴趣？计划会通过正式的还是非正式的方式在你和员工之间沟通？你准备以哪种方式引导和介绍它？

1. 策略推行计划的目的

首先，你需要对员工介绍信息安全策略推行计划，信息安全策略如何有利于公司运作目的的达到，以及对信息资产的保护到底有多么至关重要。你需要解释为什么"安全是每个人的职责"，并确保每个人都理解了；解释即使公司进行了最新的安全技术改造，比如防火墙、入侵检测系统等，一个未经教育的员工还是可以很容易的危及敏感信息，使实施先进技术性的安全措施完全彻底无用。而且，多数人常常趋向于认为，帮忙改善他们公司的安全不是他们的责任。通常人们有这样的（错误的）观点：改善公司的安全状况，只是 IT 部门和 ISO（信息安全官）的职责。

2. 选择听众

你将要面临的一个主要问题是听众的计算机水平参差不齐，有时候这将迫使你给那些不很懂计算机的人更多的注意。另一方面你可能也要选择区分出谁需要安全教育，谁不需要。一个意见是分开可以访问公司信息资产的员工和不可以的员工（就不能通过任何方式危及敏感数据了），这样就可以节省很多时间和资源了。一个好的方法是与员工开非正式的会议，以便和员工私人交谈，同时进行一些调研来衡量他们的技术水平，这样你就可以知道你要往哪方面集中注意力了。

3. 通过调研了解员工的安全意识

安全意识调研源于了解当前员工的安全意识水平的想法，但通常也会显示出员工共同的错误和误解；这将明确地帮助你在开始推行计划之前，改善推行计划的效果。强烈推荐进行调研，以评估推行计划使用一段时间之后的效果。

你可能也需要对员工说明调研完全是匿名的，由于主旨仅是要衡量公司整体的安全意识水平，所以没有必要作假。综上所述，这仅是个调研而非测验。他们仅需回答主要的问题，如果他们不知道该如何回答的话，不必要回答。

安全意识调研常见问题如表 3-3 所示。

表 3-3　安全意识调研常见问题

例 1　下面密码中哪个是最安全的，你为什么这么认为？ —abc123456 — HerculeS — HRE42pazoL — $ safe456TY 例 2　下面哪个是最危险的附件扩展名，你为什么这么认为？ — *.exe — *.com — *.bat — *.vbs —以上全部 例 3　你的信息安全主管（ISO）绝不会给你发送一个应用程序的更新版，但是你刚刚收到了一个，你下一步将怎么做？ 　—因为该更新来自 security@company.com，是我们 ISO 的 E-mail 地址，我会运行它，保持软件最新版本。 　—因安全策略中说明我需要在运行之前扫描附件，所以我扫描之后运行。 　—我会立即打电话给信息安全主管（ISO）询问更多信息。 例 4　你的一个朋友昨晚给你一张多媒体 CD，他想在你工作的工作站使用；你准备怎么做？ 　—他是我的朋友，绝不会给我任何破坏性文件如病毒等，我相信他/她，这就是我打算立即试验的原因。 　—尽管他是我的朋友，安全策略中说明可移动介质允许使用，但是尽量少使用；我会严格遵守策略，在使用前扫描 CD 的内容看看有什么在里面。 　—我将仅在我的个人计算机上查看 CD 的内容。 例 5　信息安全主管（ISO）代表（私下）问你要你的密码，因为他把密码放错了地方，需要这个密码在你的工作站执行更多的安全措施；你将怎么做？ 　—没有我的密码他们不能访问工作站，如果是为了提高安全性，我会把密码给他们，因为他们有在组织内维护安全性的职责。 　—我已经让工作站很安全了，所以我不把密码给他们。 　—我不把我的密码告诉别人，即使我的经理试图强迫我说出来；我会将密码尽可能保守秘密。

这些例题涵盖了安全策略中指出的大部分威胁。决定在调研中选择多少

题目和覆盖多少方面完全取决于你；但明智的做法是在调研的基础上持续监视这个水平和计划的效果。

4. 获得他们的关注

员工已经有很多事情要考虑，要完成许多的操作和运行很多日常的业务流程，因此你需要有个很好的战略来把他们动员起来，并且让他们渴望学习如何能改善公司的安全。

现今每个人都对关于计算机安全的某些故事感兴趣，特别是类似网络入侵的安全事件，利用这点，你的主要目标将是帮助策略推行计划的"参与者"理解他们实际上将成为公司关键数据（信息资产）的新"看门人"。毫无疑问你会被提问这样的问题"是的，为公司的安全作出贡献很好，但是我能得到什么"，这是很寻常的问题，你必须给予合适的答复。

你未来的"学生"需要被告知和了解，对公司来说进行安全意识教育课程、雇用安全专家是多么昂贵。向他们解释安全事件可能对公司、公司（商标）名誉、公司形象等造成的损害，这些将不可避免地影响到他们。

另一方面，让他们了解策略推行计划能带给他们的个人利益和所有知识。一个好的例子是所有这些安全策略将长远地帮助他们提升自己的安全意识和计算机安全水平，他们得到的这些信息不仅应用于工作中的计算机，而且也可以完全用于他们家里的计算机。

要记住的另一个要点，是人们学习和记忆事情的不同方式。有些人通过阅读材料学习，另外一些人通过看图表学习，也有材料证明，综合这些方法在理解主题方面有最大化的效果。因此，你必须确保你的表现形式能够吸引知识面和理解水平各异的人们。

每个人对冗长的材料都会厌烦，无论有多吸引人；如果没有图片、表格或其他东西给过程带来某种变化，人们会把它扔在一边。试着通过添加足够的图片、表格以及相关的布线图和卡通画把每个要讨论的主题"可视化"。

卡通画特别好，它们能增加幽默感；人们绝对容易记住用有趣的情景来表现的很严肃的过程。卡通画最适合于布告，当布告贴遍整个公司时，最有效果。主要目的是用友好的媒介来宣传安全意识教育的信息（例如，"离开时锁定机器"，或"不要把你的 ID 和 Password 告诉任何人"等等）。

5. 选择方法

教育员工有几种方法可以选择，最好的一个方法：正式与非正式相结合的教育方式。（这里主要分析两种方式的优缺点，具体方法详见 3.4.2 节）

正式方式的好处是它可以帮助员工明白安全问题非常重要，因为他们知道这样的表述需要花费大量资源、人力和钱。另一方面强调了这样一个事实：公司非常重视安全而且采用了认真的方式通过教育员工来保护信息资产；而对他们的要求仅是一点点儿时间和精力以及理解安全问题的重要性。

进行正式意识教育规程的另外一点明显的好处是，你的信息、指导和陈述将广泛流传，即使不是所有员工范围，你也可以通过这个方式培训到很多人，与一对一的方式相比这将节省你很多时间，等等。

非正式的教育方式包括邮件提醒、讨论、张贴、发布安全方面的消息（大多数在课程中讨论），屏幕保护程序、鼠标垫、杯子、胶贴物等。这种方式的好处是不以任何方式例如参加会议、听讲座等形式强迫人们接受。这种方式是非常人性化的，用户是友好的而且高效的，因为与他们的日常生活及公司中的工作流程息息相关（招贴、鼠标垫等）。

员工问问题、ISO 代表作答，这种非正式的讨论是另一种教育和衡量员工技术的高效方式，气氛通常更加平静。这是受推荐的与员工沟通的方式，因为它发起双向会话，覆盖许多要点。

3.4.2　信息安全策略推行方法

用户的了解、培训和参与是安全策略被接受的关键因素。让雇员了解和服从信息安全策略都需要时间，安全策略推行最有效的方法是通过对员工的适当培训来提高员工的安全意识和实施安全策略的自觉性。在信息安全策略的推行过程中，要注意下面三个方面的问题：

1. 以最适合的形式将信息安全策略的内容传达给员工

以最适合的形式将信息安全策略的内容（包括安全策略须知）和宣传材料传达给雇员，如果雇员不知道信息安全策略的存在或者不理解它的内容，再好的策略也没有用，安全策略须知告诉雇员在保护组织信息资产的过程中，期待雇员做哪些事情。通过安全策略须知，雇员了解信息安全策略的存在，理解策略的内容，了解在实现组织安全目标的责任和违反安全策略的后果。

可选择的传达手段包括纸介质、计算机帮助文件、Web 页，注意在提供内容的同时提供目录、索引和搜索机制，帮助用户发现需要的信息。当信息安全策略文件数目特别多的时候，浏览打印文件就比较困难。有时候带搜索机制的电子格式更受欢迎。这样做的好处是：

（1）用户可以立刻得到最新的信息安全策略。

（2）通过用户熟悉的界面来使用信息安全策略。

（3）通过计算机使用信息安全策略，可以提高工作效率。

2. 选择合适的推进手段

不管信息安全策略考虑得有多好，制定得有多周密，但是如果人们不知道这些策略，仍然毫无用处。如果能请最高管理者颁布信息安全策略，无疑这是一个好的开始。除此之外，还有一些好的手段可供考虑：

（1）设立一些几十分钟的内部培训课程。

（2）将信息安全策略和标准发布在组织内部的网站上。

（3）建立信息安全网站。

建立信息安全网站，作为每个对 IT 安全感兴趣的人的中心起点。到这个阶段你必须决定，这个网站是完全分离、独立的站点还是已经存在的公司内部网站的一部分或附属。在一些极端的情况下你也需要考虑建立两个分离的站点：一个仅供员工（从公司网络可以访问）访问的内部站点，另一个外部站点，世界上所有人可以访问，包括员工。当然这里有各种不同的选项和需要考虑的要点，比如你是否需要所有人都能访问，或者是否需要口令保护它和/或为它设置一个特殊的服务端口，外部站点的内容是否可见或可公布给外部世界，系统和内容的维护等，建议尽量简单。

站点必须清楚，容易浏览，容易操控；不要夸张地放上成千上万的文件和技术文章，多数文章中可能有员工不知道的词语。给他们提供由信息安全主管写的特殊文章，关于他们在使用公司系统和处理敏感数据时可能面临的信息安全的普遍问题，教他们如何识别问题、报告和处理事故。给他们提供有趣全面的关于特殊主题的常问的问题（Frequently Asked Questions，FAQ）。

（4）向组织的雇员发送宣传信息安全策略的邮件（如安全时事通讯）。

一个有趣和有价值的吸引和教育员工的方式毫无疑问是用电子邮件发送安全时事通讯。你也可以给员工别的选择，把时事通讯发送到他们的私人（家里）的邮件地址，这样即使他们在工作时间没时间看，他们也可以有机会在家看。

建立安全时事通讯背后的主旨是让用户以有兴趣的方式理解安全策略中的要点。安全时事通讯主要可以包括如下几个部分：

①重要事件通知。

它包括即将举行的会议、讨论、讲座信息和关于即将举行的安全意识教育培训中的活动信息。

②安全小文章。

通过时事通讯给员工提供详细的、有深度的专题信息，帮助他们更清楚地理解主题。注意要保持文章简要且易于理解，不需要为主题写评论，这样做的目的是提供给他们动态的教育方式，以及另一个非正式但准确且对最后一次会议的主题进行总结翻新的方式。

这一类的文章有：

● 口令安全：讨论口令的重要性和保护公司数据的关键作用，怎样恰当维护用户名和口令、口令建立和维护的最佳实践等。

● 可接受的互联网使用：讨论由互联网连接带来的可能的危险和员工（安全）浏览网站时要注意的事情，怎样恰当使用电子邮件系统，从而降低四处传播恶意代码的风险。

● 为什么我们会成为目标：一个有趣的主题，讨论不同攻击者的动机，这通常对每个人来说都很有趣，让用户更好地理解在公司内执行恰当的新选方法的重要性。

● 在保护公司中你的作用：你可以随意想象你认为合适的许多场景，这些文章背后的主旨是要用非正式而有效的方式解释信息安全最重要的方面，如果需要的话可以涵盖社会方面的、与主要的技术结合的解释。

③安全小词典。

本节应该在教育和通知员工的想法之上建立，作为信息安全（IS）术语表，各种安全术语被以非技术的、易于理解的方式进行解释。

通常的安全主题应包括如"什么是木马"、"什么是蠕虫"和"什么是防火墙"，以及许多其他你定义为有用和"必须知道"的文章。

④你问我答。

当用安全时事通讯方式教育和培训用户时，这种方式是最有效最有价值的。它提供了信息安全主管和员工之间沟通的直接而非正式的方式，之后员工就有机会直接把相关安全的问题反映给信息安全主管代表。

问题和相应的答案应该包括在下一期的时事通讯中，这不仅对大群人来说是集中的信息源，同时也激励客户问更多问题。

列举一个例子：

问题：有时我发现我自己所处的情况没有在任何安全意识教育中介绍或在安全策略中提到。遵循策略指导我联系 IT 或安全部门下一步怎么做，但是我担心我可能给他们提的是不相关或愚蠢的问题，不想一直因我的问题打扰他们，我应该怎么做，怎么处理？

答案：信息安全主管有职责回应每个和安全相关的电子邮件，同时对潜在安全问题作出处理等。我们的作用不仅要维护公司的安全在一个可接受的水平，还要训练、教育和支持用户。不管是否有事故、问题或其他你不确定的事情，强烈要求你拨打 123－456－789 找信息安全主管处理紧急事件，或者在非紧急的情况下，给我们的电子邮箱 security@company.com 发个邮件。记住不要做你不能 100％确信的事情，记住在保护公司信息资产的安全时没有"打扰"这一说。

⑤安全资源。

本节包含一个或两个小段的新闻，内容是易于理解的信息安全的一个方面。一般通过包括安全新闻、最新安全突破事件的新闻、因安全问题使公司遭受损失的事件等形式帮助用户理解"安全意识训练"的重要性。

另一个你需要包括的有价值的资源是外部网络上的针对新手的主题，以及由信息安全专家开办的知名的安全论坛。

⑥联系方式。

确保在每个问题的开始和结束处留下信息安全主管的详细联系方式，以便用户知道在遇到问题时应该联系谁。

信息安全主管的联系方式：

http://company.com/security/

Email：security@company.com

Phone：123－456－789

（5）建立内部安全热线，回答员工关于信息安全策略的问题。

制定和推行信息安全策略需要付出大量的努力，也是一个持续性的工作，需要起草和更新标准，需要对雇员进行培训，需要测评不同部门信息安全策略的遵从程度。总之，一个组织一旦建立并执行了信息安全策略，这个组织的信息安全问题就成为机构日常业务工作的一部分，信息安全工作就走向了制度化。

3. 以定期检查与审计作为策略推行的保障

在信息安全策略的推行过程中可以对雇员采用培训和定期检查并重的方法，比如检查雇员是否每个月改变口令，是否使用屏幕保护程序，如果组织对雇员没有完全的控制能力，就应该建立自动的口令变化强制机制和强制执行屏幕保护程序。

组织也可以通过定期审核与审计检查各级管理者是否执行和遵守了组织的信息安全策略、标准和规程。所谓审计是对记录和活动进行独立检查，保证符合已经制定的控制、策略和操作规程，并且对它们提出改进意见。

审计包括检查信息系统，看其是否符合安全实现标准，检查运营系统的硬件和软件控制，看其是否正确实现，检测系统的脆弱性和检查安全控制的有效性，看其是否阻止由于脆弱性引起的非授权访问。审计工作中的几个重要因素包括：

1）审计日志

审计日志是记录对系统数据修改细节的计算机文件，需要时可能在系统恢复事件中使用，多数商业系统都支持审计日志，这样虽然会增加一些系统开销，但是可以审核所有的系统活动，了解哪些用户在什么时候对哪些文件执行了哪些操作等详细情况。

2）审计痕迹

指一条或者一系列记录，通过这些记录可以准确识别由计算机执行的处理，并且验证数据修改是否真实发生，包括创建和授权这些修改的细节。

3）安全审计的内容和范围

（1）内容。

①保证信息和资源的完整性、保密性和可用性。

②调查可能的安全事故保证，检查是否与《×××组织》安全策略一致。

③以适当方式监视用户和系统的活动。

（2）检查范围。

①对所有计算机和通信设备的用户级和系统级访问。

②对所有设备或者以组织名义产生、传送或者储存的信息的访问。

③对工作区域（实验室、办公室、休息室、存储区等）的访问。

④对组织网络的网络数据、日志和监控信息的访问。

4．现场检查

现场检查来自检验需要，按照规程对记录组织的日常活动的凭单、记录或者其他文件进行即席检查。

建立信息安全策略只是事情的一半，如果策略得不到执行，就没有任何作用。信息安全策略本身没有威严，组织管理层的支持才是最关键的，如果管理层不支持，就注定会失败。但是，在制定信息安全策略的时候应该有一个平衡，操作环境的基本目标是让业务进行得更有效率，掌握这个平衡的尺度对于获得管理层的全力支持非常重要。

3.5　思考与练习

1．什么是信息安全策略？

2．信息安全策略的特性有哪些？

3．信息安全策略的编制流程是什么？

4．试分析一下信息安全策略推行的难点主要有哪些？

学习单元 4　信息安全等级保护

【学习目的与要求】
　　了解并掌握信息安全等级保护政策的背景、实施流程以及等级保护与风险评估的关系，了解和掌握等级保护测评的方法和技术。

4.1　信息安全等级保护背景介绍

　　随着我国社会信息化进程的不断加快，信息系统在政府机构、企事业单位及社会团体的日常事务和人们的工作生活中发挥着越来越重要的作用。信息化水平的提高，使传统事务对信息系统的依赖性不断增强，同时也使信息安全的重要性不断提高，信息安全已经成为影响信息化发展的重大问题，引起了政府和社会的广泛关注和重视。

　　2003 年 7 月，中办、国办转发了《国家信息化领导小组关于加强信息安全保障工作的意见》(2003 [27] 号文)，文件对我国信息安全保障工作做出原则性战略性的规定，文件"要求坚持积极防御、综合防范的方针，全面提高信息安全防护能力，重点保障基础信息网络和重要信息系统安全，创建安全健康的网络环境，保障和促进信息化发展，保护公众利益，维护国家安全。计划经过五年左右的努力，基本形成国家信息安全保障体系"。并在文中明确指出"要重点保护基础信息网络和关系国家安全、经济命脉、社会稳定等方面的重要信息系统，抓紧建立信息安全等级保护制度，制定信息安全等级保护的管理办法和技术指南"。

　　为了进一步推动和落实信息安全等级保护工作的实施，公安部、国家保密局、国家密码管理局、国务院信息化工作办公室于 2004 年 11 月联合签发了《关于信息安全等级保护工作的实施意见》(公通字 [2004] 66 号，以下简称《实施意见》)，文中明确提出了信息安全等级保护是今后我们国家信息安全的基本政策和根本方法，并强调国家重点保护涉及国家安全、经济命脉、社会稳定的基础信息网络和重要信息系统，其中包括国家事务处理信息系统（党政机关办公系统）；财政、金融、税务、海关、审计、工商、社会保障、能源、交通运输、电力、国防工业等关系到国计民生的信息系统等。

2006 年 9 月浙江省政府以政府令的形式颁布了《浙江省信息安全等级保护管理办法》(第 223 号令,以下简称《管理办法》),明确了重点基础信息网络和重要信息系统必须落实和执行信息安全等级保护工作。

信息安全等级保护制度是国家在国民经济和社会信息化的发展过程中,提高信息安全保障能力和水平,维护国家安全、社会稳定和公共利益,保障和促进信息化建设健康发展的一项基本制度。信息安全等级保护是指对国家秘密信息、法人和其他组织及公民的专有信息以及公开信息和存储、传输、处理这些信息的信息系统分等级实行安全保护,对信息系统中使用的信息安全产品实行按等级管理,对信息系统中发生的信息安全事件分等级响应、处置。

4.2 信息安全保护等级的划分

根据四部委会签的《实施意见》和浙江省政府颁布的《管理办法》,信息系统安全保护的 5 个等级的总体的原则性描述为:

第一级为自主保护级,适用于一般的信息系统,其受到破坏后,会对公民、法人和其他组织的合法权益产生损害,但不损害国家安全、社会秩序和公共利益。

第二级为指导保护级,适用于一般的信息系统,其受到破坏后,会对社会秩序和公共利益造成轻微损害,但不损害国家安全。

第三级为监督保护级,适用于涉及国家安全、社会秩序和公共利益的重要信息系统,其受到破坏后,会对国家安全、社会秩序和公共利益造成损害。

第四级为强制保护级,适用于涉及国家安全、社会秩序和公共利益的重要信息系统,其受到破坏后,会对国家安全、社会秩序和公共利益造成特别严重损害。

第五级为专控保护级,适用于涉及国家安全、社会秩序和公共利益的重要信息系统的核心子系统,其受到破坏后,会对国家安全、社会秩序和公共利益造成特别严重损害。

因此,等级保护的定级方法应反映出信息系统对国家安全、经济建设、社会生活重要程度的差异。从这一点出发考虑,信息系统安全保护等级定级的出发点应当是信息系统所承载的业务,或称业务应用的重要性。信息系统通过业务应用提供信息和服务体现其作用和价值。

注意：

信息系统安全保护等级的分级既适用于新系统，也适用于已建成系统。对于新建系统，信息系统的运营使用单位应首先分析该信息系统处理哪几种主要业务，预计处理的业务信息类型、系统预计的服务范围、单位业务对系统可能的依赖程度以及该系统无法提供服务可能造成的后果等基本信息，由此确定信息系统的安全保护等级。

4.3 信息安全等级保护实施流程

对一个信息系统实施等级保护的过程本质上是对信息系统进行安全保护的过程，应遵循对信息系统进行安全保护的方法论，但是作为国家等级保护制度实施的对信息系统的安全等级保护工作本身有其自己的特点，整个实施过程应体现出"信息系统分等级"、"按标准进行建设"、"实施监督和管理"等思想。

对一个信息系统实施等级保护的过程如图4-1所示。

注意：

安全保护是一个循环往复的，并且是动态发展的过程，图4-1所示的流程中，如果系统的基本发生变化，有两种情况，一是系统的局部改变，如系统中的设备、系统的组成组件发生变化，但不影响系统的级别，这种情况需要重新进行等级测评，规划设计和整改建设。二是系统发生重大变化，如系统的功能、服务的范围等，影响系统的级别，则需重新进行定级，整个流程重新进行一次。

4.3.1 信息安全保护等级的定级流程

目前信息系统的安全保护等级的确定有两种方式，一种是信息系统所在的行业主管部门根据行业特点自上而下确定一个定级方式，本行业内的信息系统参照这种方式进行自定级。另一种就是参照《信息系统安全等级保护定级指南》（GB/T22240—2008，以下简称《定级指南》）所描述的方法进行定级。

无论采取哪种方式进行定级，首先必须明确定级的对象，即对哪个信息系统或信息子系统进行定级。因此，如何确定定级对象在这个信息系统定级的过程是非常重要的。

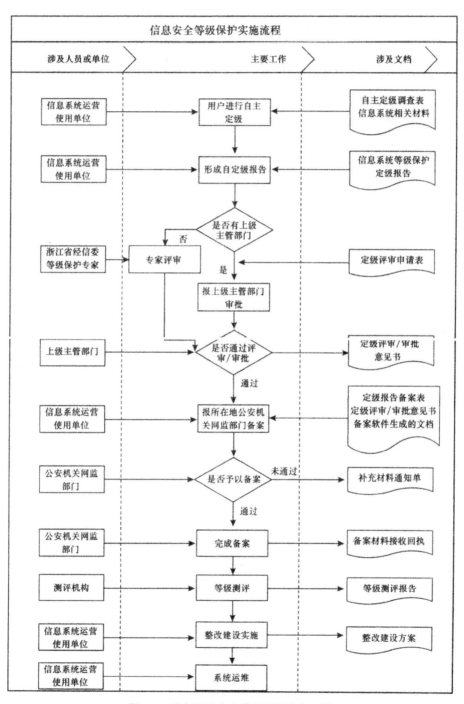

图 4-1　信息系统安全等级保护实施流程

对于已建系统的定级流程如图 4-2 所示。

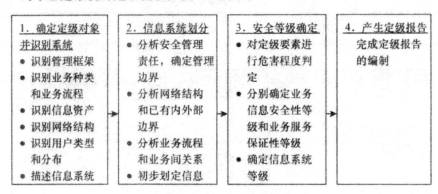

图 4-2　已建系统的定级流程

1. 确定定级对象

作为定级对象的信息系统应具有如下基本特征:

1) 具有唯一确定的安全责任单位

作为定级对象的信息系统应能够唯一地确定其安全责任单位。如果一个单位的某个下级单位负责信息系统安全建设、运行维护等过程的全部安全责任,则这个下级单位可以成为信息系统的安全责任单位;如果一个单位中的不同下级单位分别承担信息系统不同方面的安全责任,则该信息系统的安全责任单位应是这些下级单位共同所属的单位。

2) 具有信息系统的基本要素

作为定级对象的信息系统应该是由相关的和配套的设备、设施按照一定的应用目标和规则组合而成的有形实体。应避免将某个单一的系统组件,如服务器、终端、网络设备等作为定级对象。

3) 承载相对独立的业务应用

定级对象承载"相对独立"的业务应用是指其业务应用的主要业务流程独立,同时与其他业务应用有一定的数据交换,定级对象可能会与其他业务应用共享一些设备,尤其是网络传输设备。

注意:

如果一个单位内运行的信息系统比较庞大,为了体现重要部分重点保护,有效控制信息安全建设成本,优化信息安全资源配置的等级保护原则,可将较大的信息系统划分为若干个较小的、可能具有不同安全保护等级的定级对象。在定级过程中可以对这些子系统分别进行定级。

2．信息系统的划分

如果要将一个信息系统划分为若干个子系统，分别确定子系统的级别，则可以按照以下三个方法进行。

（1）依据管理机构的不同，划分信息系统。

如果信息系统由不同的单位负责运行维护和管理，或者说信息系统的安全责任分属不同管理机构，则可以依据管理机构的不同划分信息系统。一个运行在局域网的信息系统，其管理机构一般只有一个，但对一个跨不同地域运行的信息系统来说，就可能存在不同的管理机构，此时可以考虑根据不同地域的信息系统的管理机构的不同，划分出不同的信息系统。

（2）根据业务的类型、特点、阶段的不同，对信息系统进行划分。

不同类型的业务之间会存在重要程度、环境、用户等方面的不同，这些不同会带来安全需求的差异，例如，一个是以信息处理为主的系统，其重要性体现在信息的保密性，而另一个是以业务处理为主的系统，其重要性体现在其所提供服务的连续性，因此，可以按照业务类型的不同划分为不同的信息系统。

（3）根据物理位置的不同，对信息系统进行划分。

物理位置的不同，信息系统面临的安全威胁就不同，不同物理位置的信息系统也不容易保持相同的安全策略，因此，物理位置也可以作为信息系统划分的考虑因素之一。

注意：

在划分一个信息系统时，既可以选择上述三种方法中的一种，也可以综合起来考虑。关键的原则就是要考虑有利于信息系统的保护及安全规划，不能给将来的应用和安全保护带来不便。

信息系统划分过程中，必须分析清楚以下三个方面的内容：

（1）分析安全管理责任，确定管理边界。

在一个单位中，一般来说都会有一个独立的部门来管理信息系统，这个独立的部门可能是称为信息中心，也可能是科技部之类，无论称谓如何，作为管理信息系统的部门其对信息系统的安全管理责任主要指在信息系统的运行、维护和管理方面的责任，而不是业务管理责任，业务管理责任可以分别由不同的业务部门承担，当然，信息中心也可能担任业务管理责任，但是如果信息中心只担任业务管理责任，而不承担安全管理责任，则这个信息系统将不作为该信息中心的定级系统。

一般来说，运行在局域网的信息系统，其管理边界比较明确。但对一个跨不同地域运行的信息系统，其管理边界可能有不同情况：如果不同地域运行的信息系统分属不同单位（如上级单位和下级单位）负责运行和管理，则上下级单位的管理边界为本地的信息系统，该信息系统可以划分为两个信息系统；如果不同地域运行的信息系统均由其上级单位直接负责运行和管理，运维人员由上级单位指派，安全责任由上级单位负责，则上级单位的管理边界应包括本地和远程的运行环境。

（2）分析网络结构和已有内外部边界。

一般单位的信息系统建设和网络布局，一般都会或多或少考虑系统的特点、业务重要性及不同系统之间的关系，进行信息系统的等级划分应尽可能以现有网络条件为基础进行划分，以免引起不必要的网络改造和建设工作，影响原有系统的业务运行。

例如，政府机构内部一般由三个网络区域组成，即政务内网、政务外网和互联网接入网，三个网络相对独立，可以先以已有的网络边界将单位的整个系统划分为三个大的信息系统，然后再分析各信息系统内部的业务特点、业务重要性及不同系统之间的关系，如果内部还存在相对独立的网络结构，业务边界也比较清晰，也可以再进一步将该信息系统细分为更小规模的信息系统。

（3）分析业务流程和业务间关系。

系统所承载的业务是相对独立或单一的，但其业务数据是有流动的，不同系统之间可能进行数据的交换，即一个系统的数据输出可能是另外一个系统的数据输入。正是依靠这样的数据交换，系统才能完成其业务。因此，要分析数据流在不同业务、不同系统之间的关系，以便正确划分系统。

3. 对定级要素进行判定

信息系统的安全保护等级由两个定级要素决定：等级保护对象受到破坏时所侵害的客体和对客体造成侵害的程度。

等级保护对象受到破坏时所侵害的客体包括以下三个方面：

（1）公民、法人和其他组织的合法权益。

（2）社会秩序，公共利益。

（3）国家安全。

侵害国家安全的事项包括以下方面：

（1）影响国家政权稳固和国防实力。

（2）影响国家统一、民族团结和社会安定。

（3）影响国家对外活动中的政治、经济利益。

（4）影响国家重要的安全保卫工作。

（5）影响国家经济竞争力和科技实力。

（6）其他影响国家安全的事项。

侵害社会秩序的事项包括以下方面：

（1）影响国家机关社会管理和公共服务的工作秩序。

（2）影响各种类型的经济活动秩序。

（3）影响各行业的科研、生产秩序。

（4）影响公众在法律约束和道德规范下的正常生活秩序等。

（5）其他影响社会秩序的事项。

影响公共利益的事项包括以下方面：

（1）影响社会成员使用公共设施。

（2）影响社会成员获取公开信息资源。

（3）影响社会成员接受公共服务等方面。

（4）其他影响公共利益的事项。

影响公民、法人和其他组织的合法权益是指由法律确认的并受法律保护的公民、法人和其他组织所享有的一定的社会权利和利益。

注意：

确定作为定级对象的信息系统受到破坏后所侵害的客体时，应首先判断是否侵害国家安全，然后判断是否侵害社会秩序或公众利益，最后判断是否侵害公民、法人和其他组织的合法权益。

对客体的侵害程度由客观方面的不同外在表现综合决定。由于对客体的侵害是通过对等级保护对象的破坏实现的，因此，对客体的侵害外在表现为对等级保护对象的破坏，通过危害方式、危害后果和危害程度加以描述。

等级保护对象受到破坏后对客体造成侵害的程度归结为以下三种：

（1）造成一般损害。

（2）造成严重损害。

（3）造成特别严重损害。

信息安全和系统服务安全受到破坏后，可能产生以下危害后果。

（1）影响行使工作职能。

（2）导致业务能力下降。

（3）引起法律纠纷。

（4）导致财产损失。

（5）造成社会不良影响。

（6）对其他组织和个人造成损失。

（7）其他影响。

不同危害后果的三种危害程度描述如下：

一般损害：工作职能受到局部影响，业务能力有所降低但不影响主要功能的执行，出现较轻的法律问题，较低的财产损失，有限的社会不良影响，对其他组织和个人造成较低损害。

严重损害：工作职能受到严重影响，业务能力显著下降且严重影响主要功能执行，出现较严重的法律问题，较高的财产损失，较大范围的社会不良影响，对其他组织和个人造成较严重损害。

特别严重损害：工作职能受到特别严重影响或丧失行使能力，业务能力严重下降且或功能无法执行，出现极其严重的法律问题，极高的财产损失，大范围的社会不良影响，对其他组织和个人造成非常严重损害。

对不同危害后果确定其危害程度所采取的方法和所考虑的角度可能不同，例如系统服务安全被破坏导致业务能力下降的程度可以从信息系统服务覆盖的区域范围、用户人数或业务量等不同方面确定，业务信息安全被破坏导致的财物损失可以从直接的资金损失大小、间接的信息恢复费用等方面进行确定。

在针对不同的受侵害客体进行侵害程度的判断时，应参照以下不同的判别基准：

（1）如果受侵害客体是公民、法人或其他组织的合法权益，则以本人或本单位的总体利益作为判断侵害程度的基准。

（2）如果受侵害客体是社会秩序、公共利益或国家安全，则应以整个行业或国家的总体利益作为判断侵害程度的基准。

注意：

由于各行业信息系统所处理的信息种类和系统服务特点各不相同，信息安全和系统服务安全受到破坏后关注的危害结果、危害程度的计算方式均可能不同，各行业可根据本行业信息特点，制定危害程度的综合评定方法，并给出侵害不同客体造成一般损害、严重损害、特别严重损害的具体定义。

定级要素与信息系统安全保护等级的关系如表 4-1 所示。

表 4-1 定级要素与安全保护等级的关系

受侵害的客体	对客体的侵害程度		
	一般损害	严重损害	特别严重损害
公民、法人和其他组织的合法权益	第一级	第二级	第二级
社会秩序、公共利益	第二级	第三级	第四级
国家安全	第三级	第四级	第五级

4. 安全等级确定的步骤

信息系统安全包括业务信息安全和系统服务安全，与之相关的受侵害客体和对客体的侵害程度可能不同，因此，信息系统定级也应由业务信息安全和系统服务安全两方面确定。

从业务信息安全角度反映的信息系统安全保护等级称业务信息安全保护等级，从系统服务安全角度反映的信息系统安全保护等级称系统服务安全保护等级。

确定信息系统安全保护等级的一般流程分 8 个步骤，如图 4-3 所示。

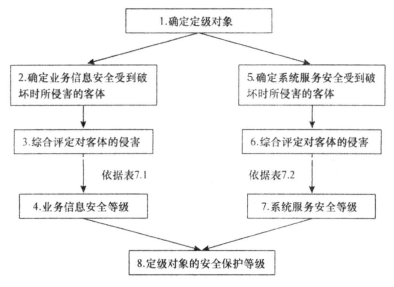

图 4-3　确定等级的一般流程

（1）确定作为定级对象的信息系统。

（2）确定业务信息安全受到破坏时所侵害的客体。

（3）根据不同的受侵害客体，从多个方面综合评定业务信息安全被破坏对客体的侵害程度。

（4）根据业务信息安全被破坏时所侵害的客体以及对相应客体的侵害程度，依据表 4-2，即可得到业务信息安全保护等级。

（5）确定系统服务安全受到破坏时所侵害的客体。

（6）根据不同的受侵害客体，从多个方面综合评定系统服务安全被破坏对客体的侵害程度。

（7）根据系统服务安全被破坏时所侵害的客体以及对相应客体的侵害程度，依据表 4-3，即可得到系统服务安全保护等级。

(8)将业务信息安全保护等级和系统服务安全保护等级的较高者确定为定级对象的安全保护等级。

表 4-2　业务信息安全保护等级矩阵

业务信息安全被破坏时所侵害的客体	对相应客体的侵害程度		
	一般损害	严重损害	特别严重损害
公民、法人和其他组织的合法权益	第一级	第二级	第二级
社会秩序、公共利益	第二级	第三级	第四级
国家安全	第三级	第四级	第五级

表 4-3　系统服务安全保护等级矩阵

系统服务安全被破坏时所侵害的客体	对相应客体的侵害程度		
	一般损害	严重损害	特别严重损害
公民、法人和其他组织的合法权益	第一级	第二级	第二级
社会秩序、公共利益	第二级	第三级	第四级
国家安全	第三级	第四级	第五级

5. 形成定级报告

《信息系统安全等级定级报告》可由以下几部分组成：

1）概述

概述主要介绍信息系统定级工作的背景和意义，以及本次定级工作所要达到的目标。

2）定级依据

定级依据包括与本次信息系统定级相关的法规、标准、规范和文件等，例如"管理办法"、"定级指南"等确定信息系统定级的参考文件。

3）定级工作过程描述

定级工作过程描述是以时间为线索简述本次定级活动的主要过程、工作内容、工作方法和产生的主要结果。

4）信息系统总体描述

信息系统总体描述是对单位各信息系统的范围、性质、特点进行总体描述，并详细描述系统的对外边界、网络结构、承载业务种类和管理机构等基本信息，为定级工作提供该信息系统的整体框架和概念。

5）确定安全等级

确定安全等级是详细描述定级过程，为各信息系统的定级要素进行赋值分析，给出赋值理由。对调节因子的选取以及两个指标取值的确定过程进行描述。

6）定级结果

在按照定级方法对信息系统确定等级后，最终可以通过列表的形式，给出单位内各信息系统的安全等级。

4.3.2　定级评审和备案

信息系统的定级一般先由信息系统所属单位进行自定级，也可以邀请第三方测评机构辅导定级。自定级完成后，如果信息系统所属单位有上级主管部门，则提交上级主管部门进行审核确定，并由上级主管部门出具《信息系统安全保护等级审核/评审意见》。如果没有上级主管部门的单位，需将定级结果提交省、市等级保护专家组评审。省、市级信息办将组织专家采用现场评审的方式对信息系统进行评审，专家组评审后，如果对自定级结果没有异议的，系统级别就确定，专家组将出具一份《信息系统安全等级保护专家评审意见》。如果有问题的，专家组将要求信息系统所属单位重新定级，并要求重新评审。

一旦系统的等级确定，需提交《信息系统安全等级保护备案表》和《信息系统安全等级保护定级报告》给当地公安机关网监部门。

本书附录 A、附录 B 分别列出了《信息系统安全等级保护备案表》和《信息系统安全等级保护定级报告》的模板。

4.3.3　信息系统安全等级的测评

等级测评是信息安全等级保护领域的基础专业术语。根据《信息系统安全等级保护测评要求》（以下简称《测评要求》）的定义，等级测评是指具有相关资质的、独立的第三方测评服务机构，对信息系统的等级保护落实情况与信息安全等级保护相关标准要求之间的符合程度的测试判定。等级测评是一种标准测评结果判定，目前主要是对《信息系统安全等级保护基本要求》（GB/T22239—2008）（以下简称《基本要求》）进行能力测评结果判定。

1. 等级测评的流程

等级测评过程一般可以分为三个阶段：测评准备阶段、现场实施阶段以及分析与报告编制阶段，具体如图 4-4 所示。

1）测评准备阶段

本阶段是开展现场测评工作的前提和基础，是整个等级测评过程有效性的保证。测评准备工作是否充分直接关系到现场测评工作能否顺利开展。本阶段的主要工作是掌握试点系统的详细情况和为实施现场测评作好方案、文档及测试工具等方面的准备。

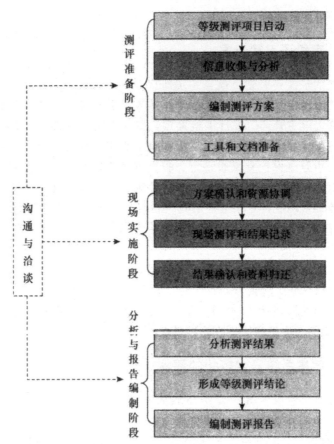

说明：图中虚线框中的活动不是一个独立的活动过程，它贯穿等级测评的各个阶段中，需要双方配合共同完成等级测评工作。▭代表测评单位/人员单独可以完成的活动过程，▬代表必须有被测评单位/人员参与、配合才能完成的活动过程。

图 4-4　等级测评的流程

2）现场实施阶段

本阶段是开展等级测评工作的关键阶段。本阶段的主要工作是按照测评方案的总体要求，严格执行作业指导书，分步实施所有测评项目，包括单项测评和系统整体测评两个方面，以了解系统的真实保护情况，获取足够证据，发现系统存在的安全问题。

3）分析与报告编制阶段

该阶段是等级测评工作的最后环节，是对试点系统整体安全保护能力的综合评价过程。主要工作是根据现场测评结果和《测评要求》的有关要求，通过单项测评结论判定和系统整体测评分析等方法，分析整个系统的安全保护现状描述与相应等级的保护要求之间的差距，编制测评报告。

2. 测评对象的确定

测评对象是指构成信息系统的主要组成部件（如服务器、路由器、安全设备等）以及对信息系统进行加工处理所需的流程、规范和处理信息的组织、人员等。在现场测评中，测评对象的选择这一环节的重要性犹如定级阶段定级对象的确定一样。因为测评对象选择的正确与否，合理与否，将直接影响到测评的结果和测评强度。

测评对象的选择一般采用抽查方式，即抽查信息系统中的具有代表性的组件作为测评对象。抽查的对象可以多也可以少，比较灵活。但是，抽查对象过多会导致测评工作量投入过多、花费过大；抽查过少会导致测评结果不够充分、可信，不能够真实地反映信息系统是否达到相应等级的安全保护要求，具有相应的安全保护能力。因此，针对不同等级的信息系统，抽查哪些测评对象，抽查多少是我们需要关注的。

在确定测评对象时，应遵循以下要求和方法：

（1）恰当性，选择的设备、软件系统等能满足相应等级的测评强度要求。

（2）重要性，抽查重要的服务器、数据库和网络设备等。

（3）安全性，抽查对外暴露的网络边界。

（4）共享性，抽查共享设备和数据交换平台/设备。

（5）代表性，抽查的对象覆盖了系统各种设备类型、操作系统类型、数据库系统类型和应用系统的类型。

注意：

在实际工作中，应兼顾工作投入和结果产出两者的平衡关系，尽量抽查有代表性的组件（根据安全需求分析的结果，各层面实现主要安全要求、对系统安全保护能力起决定作用的组件）作为测评对象。不同等级信息系统抽查的测评对象应该能够承担相应等级所有的安全要求，应该能够满足相应等级系统整体测评分析中区域间测评分析的需要，应该能够保证相应等级的测评工作量投入，具体参看《测评要求》中的规定。

---

3. 测评指标的选择

测评指标的选择是等级测评过程中的重要步骤，主要是根据已经被测系统的定级结果，参照《基本要求》确定出等级测评的测评指标，测评指标确定过程描述如下：

（1）根据被测系统的定级结果，包括业务信息安全保护等级和系统服务安全保护等级，从而得出被测系统应采取的安全保护措施 ASG 组合情况。

（2）从《基本要求》中选择相应等级的安全要求作为测评指标，包括对ASG三类安全要求的选择。举例来说，假设某信息系统的定级结果为：安全保护等级为3级，业务信息安全保护等级为2级，系统服务安全保护等级为3级，ASG的组合为A3S2G3；则该系统的测评指标将包括《基本要求》"技术要求"中的3级通用安全保护类要求（G3），2级业务信息安全类要求（S2），3级系统服务保证类要求（A3），以及第3级"管理要求"中的所有要求。

（3）分别确定各个定级对象的测评指标。

4. 现场测评实施

信息系统在完成定级确定后，具有资质的测评机构工程师将依据《基本要求》和《测评要求》，从物理安全、网络安全、应用安全和管理安全等几个方面分别进行测评。现场测评包括单元测评和整体测评两个方面的内容。

现场测评主要涉及三种方法：访谈、检查和测试。

访谈是指测评人员通过与信息系统有关人员（个人/群体）进行交流、讨论等活动，获取证据以证明信息系统安全等级保护措施是否有效的一种方法。在访谈过程中，建议测评工程师遵照国家标准并结合该信息系统的实际情况，制定相应的问卷调查表。

检查是指测评人员通过对测评对象进行观察、查验和分析等活动，获取证据以证明信息系统安全等级保护措施是否有效的一种方法。检查中要求测评工程师对信息系统的有关建设文档资料，各种软件、硬件设备和环境进行（现场）检验。

测试是指测评人员通过对测评对象按照预定的方法/工具使其产生特定的行为等活动，然后查看、分析输出结果，获取证据以证明信息系统安全等级保护措施是否有效的一种方法。

1）单元测评

把测评指标和测评方式等结合到被测系统的具体测评对象上，就构成了一个个可以具体测评实施的单元测评。也就是根据《基本要求》所确定的测评指标，参照《测评要求》所提供的测评方法，对组成信息系统的相关组件、人员和管理体系进行测评。

单元测评在技术上的测评包括物理安全、网络安全、主机系统安全、应用安全和数据安全五个层面，在管理上包括安全管理机构、安全管理制度、人员安全管理、系统建设管理和系统运维管理等五个方面。

由于本书篇幅限制，并且单元测评的内容涉及的范围广、内容多，有些测评内容还需结合对应的设备、操作系统、数据库等，无法一一例举。因此，接下来所描述的内容均采用每个层面的测评只选一个测评项加以描述，并且均以一个三级系统为例进行说明，其他的测评项的测评思路和方法，读者可参看《测评要求》，并加以总结和分析，形成自己的测评思路和方法。

（1）物理安全。

物理安全保护的目的主要是使存放计算机、网络设备的机房以及信息系统的设备和存储数据的介质等免受物理环境所产生的各种威胁的攻击。物理安全测评主要涉及的内容包括物理位置的选择、物理访问控制、防盗窃和防破坏、防雷击、防火、防水和防潮、防静电、温湿度控制、电力供应和电磁防护等方面的测评。物理安全测评将通过访谈和检查的方式评测信息系统的的物理安全保障情况，主要针对的是信息系统所在机房，以及与关键设备和系统相关的其他机房。具体测评的内容和方法可按照《测评要求》直接进行。

下面以一个三级系统为例，详细描述【物理访问控制】这一安全控制点的测评思路：

【测评要求】：机房和办公测评对象应选择在具有防震、防风和防雨等能力的建筑内。

【测评目标】：检查机房和办公测评对象是否具有防震、防风和防雨的能力。

【测评对象】：机房和办公测评对象。

【测评方法】：

①访谈物理安全负责人，了解机房和办公测评对象所在建筑及周边环境情况。

检查机房和办公测评对象的设计/验收文档，查看是否有关于防震、防雷击等方面的能力说明。

②现场观察机房和办公测评对象所处位置及周边环境，判断机房物理位置的选择是否符合要求。

（2）网络安全。

网络安全是信息系统在网络环境中安全运行主要支撑。一方面，确保网络设备的安全运行，提供有效的网络服务；另一方面，确保在网上传输数据的保密性、完整性和可用性等。网络环境作为整个信息系统结构中抵御外部攻击的第一道防线，其安全防护的状态和手段对整个信息系统来说至关重要，因此必须进行各方面的防护。对网络安全的保护，主要关注两个方面：共享和安全。开放的网络环境便利了各种资源之间的流动、共享，但同时也打开了"罪恶"的大门。因此，必须在二者之间寻找恰当的平衡点，使得在尽可能安全的情况下实现最大限度的资源共享，这是我们实现网络安全的理想目标。

网络安全主要关注的方面包括：网络结构、网络边界以及网络设备自身安全等，具体的控制点包括结构安全和网段划分、网络访问控制、拨号访问控制、网络安全审计、边界完整性检查、网络入侵防范、恶意代码防范、网络设备防护 8 个控制点。

注意：
　　网络安全层面的测评必须将路由器、交换机等网络设备和防火墙、入侵检测系统等安全设备按照不同的控制点分别独立测评。

提示：适用于设备类（如路由器、交换机、安全设备）的测评项主要是网络设备防护、网络访问控制、网络安全审计，其他的测评项应将其归到网络的全局测评中去。

【测评要求】：应对登录网络设备的用户进行身份鉴别。

【测评目标】：检查边界和主要网络设备，查看是否配置了对登录用户身份的鉴别功能，如口令设置等基本的安全控制。

【测评对象】：边界和主要网络设备。

【测评方法】：输入 show running-config（适用于 Cisco 系列设备），查看输出结果，是否存在以下配置：

```
line vty 0 4
login
password xxxxxxx

line con 0
login
password xxxxxxx
```

（3）主机安全。

主机系统安全是包括服务器、终端/工作站等在内的计算机设备在操作系统及数据库系统层面的安全。终端/工作站是带外设的台式机与笔记本计算机，服务器则包括应用程序、网络、Web、文件与通信等服务器。主机系统是构成信息系统的主要部分，其上承载着各种应用。因此，主机系统安全是保护信息系统安全的中坚力量。

主机系统安全涉及的控制点包括身份鉴别、自主访问控制、强制访问控制、安全审计、剩余信息保护、入侵防范、恶意代码防范和资源控制 8 个控制点。

注意：

　　一般情况下并不需要对所有主机进行逐一检查。而是按照"抽样理论"进行抽样检查，具体抽样的方法和数量，参看本学习单元中关于"测评对象的确定"部分。

　　服务器上包括操作系统平台、应用程序、中间件以及数据库等不同的软件系统，因此需要分别针对这些软件系统进行测评。

　　下面以三级系统中 Windows 平台（如图 4-5 所示）和 MS SQLServer 的测评为例分别进行说明。

　　①Windows 平台。

　　【测评要求】操作系统用户的身份鉴别信息应具有不易被冒用的特点，例如口令长度、复杂性和定期更新等。

　　【测评目标】检查 Windows 系统是否启用"密码策略"，如设置密码历史记录、设置密码最长使用期限、设置密码最短使用期限、设置最短密码长度、设置密码复杂性要求、启用密码可逆加密。

　　【测评方法】单击"开始"——"运行"，然后输入"gpedit.msc"，进入本地安全策略——→账户策略——→密码策略，检查密码策略中的相关项目。

图 4-5　本地安全设置

　　②SQL Server 数据库。

　　【测评要求】操作系统用户的身份鉴别信息应具有不易被冒用的特点，例如口令长度、复杂性和定期更新等。

　　【测评目标】检查 Windows 系统是否启用"密码策略"，如设置密码历史记录、设置密码最长使用期限、设置密码最短使用期限、设置最短密码长度、设置密码复杂性要求、启用密码可逆加密。

　　【测评方法】

　　a. 询问是否在安装时立刻修改 sa 口令。

b. 在 master 库中，输入 select * from syslogins where password is null，查看有无空口令用户。

c. 询问口令的管理要求（口令的长度、口令复杂性、口令更新周期）。

（4）应用安全。

在应用层面运行着基于网络的应用以及特定业务应用。基于网络的应用是形成其他应用的基础，包括消息发送、Web 浏览等，可以说是基本的应用。业务应用采纳基本应用的功能以满足特定业务的要求，如电子商务、电子政务等。由于各种基本应用最终是为业务应用服务的，因此对应用系统的安全保护最终就是如何保护系统的各种业务应用程序安全运行。

应用安全主要涉及的安全控制点包括：身份鉴别、访问控制、安全审计、剩余信息保护、通信完整性、通信保密性、抗抵赖、软件容错、资源控制 9 个控制点。

注意：

在对应用系统进行测评时，一般首先对系统管理员进行访谈，了解应用系统的状况；然后对应用系统和文档等进行检查，查看系统是否和管理员访谈的结果一致；最后可对主要的应用系统进行抽查测试，验证系统提供的功能是否，并可配合渗透测试，查看系统提供的安全功能是否能被旁路。

【测评要求】应提供覆盖到每个用户的安全审计功能，对应用系统重要安全事件进行审计。

【测评目标】检查主要应用系统当前审计范围是否覆盖到每个用户，是否具有或启用了对重要安全事件进行审计的功能。

【测评方法】

①查看其审计策略是否覆盖系统内重要的安全相关事件，例如，用户标识与鉴别、自主访问控制的所有操作记录、重要用户行为（如用超级用户命令改变用户身份，删除系统表）、系统资源的异常使用、重要系统命令的使用（如删除客体）等。

②测试以某一用户登录，进行一些删除、访问资源等操作，然后查看应用日志是否能够记录刚才的那些操作，同时应记录下日志的格式。

（5）数据安全。

信息系统处理的各种数据（用户数据、系统数据、业务数据等）在维持系统正常运行上起着至关重要的作用，一旦数据遭到破坏（泄露、修改、毁坏），将造成不同程度的影响，从而危害到系统的正常运行。由于信息系统的各个层面（网络、主机系统、应用等）都对各类数据进行传输、存储和处理等操作，因此，对数据的保护需要物理环境、网络、数据库和操作系统、应用程序等提供支持。

保证数据的安全性主要从数据完整性、数据保密性和数据的备份和恢复三个控制点考虑。

注意：

数据安全的测评往往会整合到网络安全、主机安全、应用安全三个层面中去，并且数据完整性、数据保密性两个方面的测评需要一些特别的工具软件，完全靠手工测试的方式实现起来比较困难。比如网络层面，可以使用网络测试仪等设备测试数据的通信保密性，Windows 平台可以使用 RegSnap 来检查 Windows 平台的数据完整性。

【测评要求】应提供重要网络设备、通信线路和服务器的硬件冗余。

【测评目标】查看主要网络设备、通信线路和服务器是否采用硬件冗余。

【测评方法】根据网络拓扑结构和对现场设备的调查，检查网络中是否有 2 台设备组成双机热备，是否有多条线路，是否有 SAN 或 NAS 技术等。

（6）安全管理机构。

安全管理，首先要建立一个健全、务实、有效、统一指挥、统一步调的完善的安全管理机构，明确机构成员的安全职责，这是信息安全管理得以实施、推广的基础。在单位的内部结构上必须建立一整套从单位最高管理层（董事会）到执行管理层以及业务运营层的管理结构来约束和保证各项安全管理措施的执行。其主要工作内容包括对机构内重要的信息安全工作进行授权和审批、内部相关业务部门和安全管理部门之间的沟通协调以及与机构外部各类单位的合作、定期对系统的安全措施落实情况进行检查，以发现问题进行改进。

安全管理机构主要包括岗位设置、人员配备、授权和审批、沟通和合作以及审核和检查 5 个控制点。其中，前两个控制点主要是从"硬件配备"方面对管理机构进行了要求，而后三个则是具体介绍机构的主要职责和工作。

【测评要求】岗位设置。

【测评目标】检查机构内部是否设立了管理信息安全工作的职能部门及指导和管理信息安全工作的委员会或领导小组，并以文件的形式明确安全管理机构各个部门和岗位的职责、分工和技能要求。检查是否具有相应的岗位人员。

【测评方法】

①访谈安全主管,了解信息安全工作委员会或领导小组的机构和领导设置情况,了解安全管理职能部门的机构和岗位设置情况。

②查看部门、岗位职责等相关文件是否明确定义了上述机构及各岗位人员的职责范围。

③检查各部门日常管理工作执行情况的文件或工作记录(如会议记录/纪要和信息安全工作决策文档等)。

(7)安全管理制度。

在信息安全中,最活跃的因素是人,对人的管理包括法律、法规与政策的约束、安全指南的帮助、安全意识的提高、安全技能的培训、人力资源管理措施以及企业文化的熏陶,这些功能的实现都是以完备的安全管理政策和制度为前提的。这里所说的安全管理制度包括信息安全工作的总体方针、政策、规范各种安全管理活动的管理制度以及管理人员或操作人员日常操作的操作规程。

安全管理制度主要包括管理制度、制定和发布、评审和修订三个控制点。

【测评要求】 安全管理制度。

【测评目标】 检查机构内部是否存在安全管理体系文件,包括信息安全工作的总体方针政策、规范各种安全管理活动的管理制度以及指导和规范日常工作行为的操作规程。

【测评方法】

①访谈安全主管,了解机构安全管理制度体系的构成。

②查看相关文件的内容是否覆盖了信息安全工作的总体目标、方针和策略。

③查看安全管理制度清单,确认其范围是否覆盖物理、网络、主机系统、数据、应用、管理等层面。查看操作过程记录,确认是否符合有关操作规程的要求。

④查看安全管理制度体系的评审记录,查看记录日期与评审周期是否一致,是否记录了相关人员的评审意见。

(8)人员安全管理。

信息系统的正常运行离不开人员的维护、操作等,并且信息系统运维人员(包括内部人员和第三方人员)对信息系统掌握着最多的资源,如口令密码、系统的弱点等,即便一个信息系统已所采用了所有可能的安全技术措施,也很难防范内部人员的"作案"。因此,人员安全管理在信息系统的整体安全防护中同样具有至关重要的地位。

对人员安全的管理，主要涉及两方面：对内部人员的安全管理和对第三方人员的安全管理。具体包括人员录用、人员离岗、人员考核、安全意识教育、培训和第三方人员访问管理 5 个控制点。

【测评要求】第三方人员访问管理。

【测评目标】检查机构是否根据安全风险，对第三方人员采取适当的管理。

【测评方法】访谈安全主管，了解对第三方人员的访问管理措施，了解的方面包括与第三方人员或机构签署安全责任合同书或保密协议、限定访问人员及访问范围、对重要区域访问需审批等。查看安全责任合同书或保密协议、第三方访问的授权文档和访问记录等。

（9）系统建设安全。

信息系统的安全管理贯穿系统的整个生命周期，系统建设管理主要关注的是生命周期中的前三个阶段（即，初始、采购、实施）中各项安全管理活动。

系统建设管理分别从工程实施建设前、建设过程以及建设完毕交付等三方面考虑，具体包括系统定级、安全方案设计、产品采购、自行软件开发、外包软件开发、工程实施、测试验收、系统交付、系统备案、安全测评和安全服务商选择 11 个控制点。

 注意：

如果机构没有自行软件开发内容，则该项内容可以判定为"不适用"。

【测评要求】产品采购。

【测评目标】检查机构内部是否指定或授权专门的部门负责信息系统产品的采购，是否制定了相应的管理制度对采购过程和人员进行控制。

【测评方法】访谈系统建设负责人，了解产品采购的负责部门、采购流程和相关规定。检查产品采购管理制度，查看是否明确采购过程的控制方法（如采购前对产品做选型测试，明确需要的产品性能指标，确定产品的候选范围，通过招投标方式确定采购产品等）和人员行为准则等。检查是否具有产品选型测试结果记录、候选产品名单审定记录或更新的候选产品名单。

（10）系统维护安全。

系统运行维护是工程建设完成后，对信息系统进行维护和管理，包括系统的环境和相关资源的管理、系统运行过程中各组件的维护和监控管理、网络和系统的安全管理、密码管理、系统变更的管理、恶意代码防护管理以及业务连续性管理等。

　　系统运维管理主要包括环境管理、资产管理、介质管理、设备管理、监控管理、网络安全管理、系统安全管理、恶意代码防范管理、密码管理、变更管理、备份与恢复管理、安全事件处置、应急预案管理 13 个控制点。

　　【测评要求】应急预案管理。

　　【测评目标】检查机构是否在统一的应急预案框架下制定了不同安全事件的应急预案以及安全事件等级，考虑其可能性及对系统和业务产生的影响，制定了相应的处置办法，明确各部门职责及相互协调机制，确保在最短的时间内使安全事件得到妥善处置，将影响降低到最小。

　　【测评方法】访谈安全主管，了解是否有统一的应急预案框架，是否针对不同等级的安全事件制定了相应等级的应急预案，是否定期对系统相关人员进行应急预案培训和演练，应急计划执行时是否能够保证人力、设备、技术和财务方面的资源。检查应急响应预案文档，查看是否覆盖启动预案的条件、应急处理流程、系统恢复流程、事后教育等内容。检查应急预案培训和演练记录、应急预案更新记录以及应急预案响应过程记录等，查看应急预案响应过程中是否保证了各种资源需求，应急预案是否切实可行。

　　2）工具测试的实施

　　（1）漏洞扫描器概述。

　　扫描器是一种自动检测远程或本地主机安全性弱点的工具。扫描器一般分为网络扫描器和主机扫描器。扫描器的作用是极为繁琐的手工安全检测，通过程序来自动完成，从而减轻管理者的工作负担和对技术的要求，并且缩短检测时间，使安全问题能够被准确定位。

　　网络扫描器工作原理是对目标主机 TCP/IP 不同端口的服务进行扫描，记录目标给予的回答。通过这种方法，可以搜集到很多目标主机的各种信息（例如，是否能用匿名登录、是否有可写的 FTP 目录、是否能用 TELNET、HTTPD 是否是用 root 在运行）。在获得目标主机 TCP/IP 端口和其对应的网络访问服务的相关信息后，与系统提供的漏洞库进行匹配，满足匹配条件则视为漏洞。此外，还通过模拟黑客攻击的手法，对目标系统进行攻击性的漏洞扫描，如测试弱口令等。如果模拟攻击成功，则视为漏洞存在。对于主机型的扫描器来说，它通过以管理员身份（如 administrator 账户、root 账户等）登录目标主机，记录系统配置的各项主要参数，分析配置的漏洞。通过这种方法，可以搜集到很多目标主机的配置信息。在获得目标主机配置信息的情况下，将之与安全配置标准库进行比较和匹配，凡不满足者即视为漏洞。

目前国内外的安全扫描工具和软件有很多，有针对网络的，有针对主机的，也有针对应用的。目前在等级保护测评过程中，除了需要使用各种类型的扫描工具外，对于安全等级为三级的信息系统还需要进行渗透测试。渗透测试是技术性要求很高的工作，虽然现有的扫描器或多或少均有一些渗透测试功能，但并没有包括全部的技术和内容，所以在实际工作还需要使用另外的一些渗透测试工具集。读者如果有兴趣可自行进行研究。

（2）扫描器在测评中的使用。

在等级保护测评中，一般要设计多个不同的接入点对测评对象进行扫描，从而掌握测评对象在不同位置和角度所暴露出的安全漏洞。因此，测评人员应当根据每个接入点选择合适的网络 IP 地址，并就扫描工具的接入所需条件、操作步骤进行详细说明，为现场测试提供依据和指导。

这些不同接入点有不同的作用，具体如下：

①从系统边界外接入时，测试工具一般接在系统边界设备交换机上。在该点接入漏洞扫描器，扫描探测被测系统的主机、网络设备对外暴露的安全漏洞情况。在该接入点接入协议分析仪，可以捕获应用程序的网络数据包，查看其安全加密和完整性保护情况。在该接入点使用渗透测试工具集，试图利用被测试系统的主机或网络设备的安全漏洞，跨过系统边界，侵入被测系统主机或网络设备。

②从系统内部跨网段的接入，测试工具一般接在内部核心交换机中，与被测对象不在同一网段上。在该点接入扫描器，可以直接扫描测试内部各主机和网络设备对本单位其他不同网络所暴露的安全漏洞情况。在该接入点接入网络拓扑发现工具，可以探测信息系统的网络拓扑情况。

③在同一网段内接入。在该点接入扫描器，可以在本地直接测试各抽查主机、网络设备对本地网络暴露的安全漏洞情况，一般来说，该点扫描探测出的漏洞数应该是最多的，它说明主机、网络设备在没有网络安全保护措施下的安全状况。如果该接入点网段有大量用户终端设备，则可以在该接入点接入非法外联检测设备，测试各终端设备是否出现过非法外联情况。

（3）工具测试的流程。

一帮情况下，工具测试需要如下几个步骤：

①收集目标系统的信息。

②规划工具测试接入点。

③编制《扫描测试方案》及《扫描测试作业指导书》。

④现场测试。

⑤测试结果整理。

（4）工具测试接入点规划的思路。

工具测试前需对所测对象的整个网络拓扑有充分的理解和掌握，并将拓扑图根据系统中不同的功能进行区域划分。

工具测试首要的原则就是在不影响目标系统正常运行的前提下严格按照方案选定的范围进行测试。一般情况下，工具测试的接入点应按照一定的原则进行规划，但在实际项目实施过程中，需要根据网络结构、访问控制、主机位置等情况不同而不同，没有特别固定的模式可循。如有些信息系统中核心网络对于拓扑图中的所有区域全部开放，没有 VLAN 或访问控制的限制，那么接入点规划时就会很简单，只要用户允许可将扫描设备直接接入核心交换进行扫描。在这里，我们根据以往的测试经验，总结出一些基本的、共性的原则：

①由低级别区域向高级别区域探测。

②同等级各功能区域之间要相互探测。

③由非核心区域向核心区域探测。

④由外联接口向系统内部探测。

⑤跨网络隔离设备（包括网络设备和安全设备）要分段探测。

（5）现场测试的实施。

扫描工作的现场实施，是工具测试的一个重要环节。现场测试工作开始前，需得到用户方对现场测试工作的授权。并且需要和用户方进行充分的沟通，确定测试所采用的策略、强度以及可能产生的影响，并要求用户方做好充分的准备，比如进行数据备份。测试时必须选择恰当的时间，避开业务应用的高峰时段。根据以往测试经验，需要特别注意的一些事项如下：

①工具测试接入设备前，首先要由被测系统人员确定测试条件是否具备。测试条件包括被测网络设备、主机、安全设备等是否都在正常运行，测试时间段是否为可测试时间段等。

②接入系统的设备、工具的 IP 地址等配置要经过被测系统相关人员确认。

③对于测试过程中可能造成对目标系统的网络流量及主机性能等方面的影响（例如口令）。

④探测可能造成的账号锁定等情况，要事先告知被测系统相关人员。

⑤对测试过程中的关键步骤、重要证据，要及时利用抓图等取证工具取证。

⑥对于测试过程中出现的异常情况（服务器出现故障、网络中断等）要及时记录。

⑦测试结束后，需要被测方人员确认被测系统状态正常，并签字后方可

离场。

3）整体测评

考虑到信息系统的安全控制综合集成到信息系统之后，会在层面内、层面间和区域间产生连接、交互、依赖、协调、协同等相互关联关系，共同作用于信息系统的安全功能，使信息系统的整体安全功能与信息系统的结构以及安全控制间、层面间和区域间的相互关联关系密切相关。如果相互关联关系具有相容性质，则综合集成后，安全控制间、层面间和区域间的安全控制可能会产生功能增强、补充等良性关联作用。如果相互关联关系具有互斥性质，则综合集成后，安全控制间、层面间和区域间的安全控制可能会产生功能削弱的劣性关联作用。因此，在单元测评的基础上，还必须对集成系统和运行环境进行整体测评，以确定安全控制部署、层面整合、区域互连乃至整体系统结构等是否会增强或者削弱信息系统的整体安全保护能力；缺失或者低等级的安全控制是否会影响到系统的整体安全功能，在高等级的信息系统使用低等级的安全控制是否达到相应等级的安全要求等。

整体测评具体包括安全控制间安全测评、层面间安全测评、区域间安全测评和系统结构安全测评等，具体方法和思路可以参考《测评要求》附录 B 的内容。

（1）单项测评结论的判定。

单项测评结论的判定是依据现场测评中单元测评所获的数据开展的。单元测评中根据不同的测评方式、测评内容等，会得到多个测评结果（或测评证据）。这就可能会出现多个测评结果不一致的情况，即有的测评结果与其预期结果一致，有的测评结果与其预期结果不一致。在这种情况下，如何根据这些不一致的测评结果给出单个测评项的测评结论呢？

单项测评结论的形成方法通常是：首先将实际获得的多个测评结果分别与预期的测评结果相比较，分别判断每一个测评结果与预期结果之间的相符性；然后，根据所有测评结果的判断情况，综合判定该测评项的结论，结论分为符合和不符合两种情况。在判断每个测评结果时，可能会出现两种情况：情况一，多个测评结果与预期测评结果都相符合或者都不符合；情况二，在多个测评结果中，其中一些测评结果与预期结果不符，而另外一些测评结果则与预期结果相符，也就是说，多个测评结果之间出现"矛盾"。对于情况一，是一种比较理想的情况，多个测评结果都符合或者都不符合，自然该单项测评为符合要求或者不符合要求。但对于情况二，单项测评结论就很难确定，无法简单地仅依据部分测评结果而下定论。

为解决情况二中所产生的测评结果"矛盾"的问题，我们引用法学中的"优势证据"原则：在民事诉讼中，当双方当事人对同一事实分别举出相反证据，但都没有足够的证据否定对方证据的，法院应结合案件情况，判断一方提供的证据的证明力是否明显大于另一方提供证据的证明力，并对证明力较大的证据予以确认。这就是"优势证据"确立的原因。在单项测评结论判定的过程中，我们也遇到了类似的问题，因此，采用"优势证据"不失为解决问题的一个方法。

所谓"优势证据"，是指在得到的多个测评结果中判断哪个测评结果对于单项要求的测评结果判定更具有证明力、说服力。由于不同测评人员对优势证据的理解可能不同，即选择的优势测评结果就不同，单项测评结论可能会因此而不同。为避免这种情况出现，需使用"优势证据"法。具体来讲，从测评方式上来讲，单项结论的判定可分为以下四种：

①当某个单项测评最终得到了三种测评结果（测试结果、检查结果和访谈结果）时，测试结果和检查结果同时作为"优势证据"，二者中有一种不符合要求，该单项结论就为不符合；二者必须同为符合，最终单项结论才能为"符合"。访谈结果在此弱化。

②当某个单项测评最终得到了测试结果和检查结果两种测评结果，此时，二者都不能单独作为"优势证据"，即不能单独根据某个结果做出单项结论的判断。由于测试方式是对检查方式的补充验证，因而，测试结果也是检查结果的补充，在做单项结论判定时必须二者同时考虑。只有二者同时符合，单项结论才为符合，除此之外，只要二者之一有不符合，则单项结论为不符合。

③当某个单项测评最终得到了检查结果和访谈结果，此时检查结果作为"优势证据"，根据该"优势证据"的符合程度判断单项结论。

④当某个单项测评最终只得到了检查结果或访谈结果，此时，该测评结果直接作为单项结论判定的依据。

从测评内容上来讲，有些测评项可能包含着多个更小的、相对独立的"小测评项"。这些"小测评项"分别测评，分别取得测评证据。当这些"小测评项"的测评证据出现不一致时，也需要采用"优势证据法"。即判断哪个或者哪几个"小测评项"的测评证据在整个测评项中占优势，根据这个测评证据，来综合判断该测评项的结论是符合，还是不符合。

（2）编制测评报告。

测评报告应包括但不局限于以下内容：概述、被测系统描述、测评指标说明、测评对象说明、测评内容和方法说明，技术部分单项测评、管理部分单项测评、数据汇总统计、系统整体测评分析、综合结论、改进建议和附录等。

测评报告的编制是根据现场测评所收集的数据进行分析整理，并形成测评结论的过程，测评报告的编制必须"以事实为准绳，以标准为依据"的原则，客观、准确地描述。

4.3.4　信息系统的整改建设

系统定级完成后，首要的工作是确定系统的安全需求，也就是系统的保护需求。对于新建的系统和已建的系统，安全需求的确定方法不同，新建过程中的系统由于在设计完成之前还没有系统实体，所以系统可以按照等级保护的要求进行定级、设计和实施，系统的安全需求主要来源于国家政策性要求、机构使命性要求和可能的系统环境影响；已建系统由于建设过程中并没有按照等级保护的要求进行定级和设计，虽然采取了一定的安全保护措施，但是可能与国家等级保护的要求存在差距，所以需要按照等级保护的要求进行安全改建。

本节重点介绍已建系统，即运行过程中的系统如何在等级保护实施过程中的规划设计阶段确定安全需求。

1. 安全需求确定的流程

1）选择基本的安全要求

在确定了系统的安全保护等级后，就可根据其等级从《基本要求》中选择相应等级的基本安全要求。如某一信息系统，根据《定级指南》确定系统等级为 3 级，其业务信息安全性等级为 2 级，服务保证性等级为 3 级，则可根据《基本要求》选择所有通用类的 3 级要求（G3）、3 级服务保证类的要求（A3）和 2 级安全性类的要求（S2）。

提示：《基本要求》在描述具体的要求时，采用 S、A、G 三类安全技术要求来分别表示信息安全性要求、服务保证性要求、通用技术要求。具体内容可参看《基本要求》和《定级指南》中的相关说明。

2）明确系统特殊安全需求

通过对信息系统重要资产特殊保护要求的分析，确定超出相应等级保护基本要求的部分或具有特殊安全保护要求的部分，采用需求分析/风险分析的方法，确定可能的安全风险，判断对超出等级保护基本要求部分实施特殊安全措施的必要性，提出信息系统的特殊安全保护需求。这里所描述的特殊安全需求主要包括两个方面：

一是，用户在系统定级的时候把级别定低了，但是仍然觉得系统很重要，则可能会选择高一级别的要求作为系统的安全需求。例如，一个信息系统在定级的时候定了 2 级，但最后在选择安全需求的时候确定用 3 级安全技术要求。

二是，来自行业规章制度的要求和本行业面临的特殊威胁等。

总之，系统的基本安全要求和特殊安全需求决定了该系统的安全需求。

3）确定系统改建安全需求

在明确系统的安全需求后，就可明确系统改建的安全需求。可以通过等级测评发现系统目前安全现状描述与《基本要求》之间的差距，从而形成系统改建的安全需求，为系统改建方案的设计奠定基础。

2. 系统改建方案设计方法

在安全需求分析完成后，如何根据分析结果设计系统的改建方案，使其能够指导该系统后期具体的改建工作，逐步达到相应等级系统的保护能力。

系统改建方案设计的主要依据是安全需求分析的结果，即系统目前保护措施与《基本要求》的差距项，针对这些差距项，具体分析其存在差距的原因以及如何进行整改。

1）差距原因分析

存在差距的原因可能有以下几种情况：

情况一——整体性，即某些差距项的不满足是由于该系统在整体的安全策略（包括技术策略和管理策略）设计上存在问题。如网络结构设计不合理，各网络设备在位置的部署上存在问题，导致某些网络安全要求没有正确实现。信息安全的管理策略方向性不明确，导致一些管理要求没有实现。

情况二——缺乏相应实现产品。安全保护要求都要落在具体的产品组件上，通过对产品的正确配置满足相应要求。但在实际中，有些安全要求在系统中并没有落在具体的产品上。产生这种情况的原因是多方面的，其中目前技术的制约可能是最主要的原因。例如，强制访问控制，目前在主流的操作系统和数据库系统上并没有得到很好的实现。

情况三——产品没有得到正确配置。不同于情况二，某些安全要求虽然能够在具体的产品组件上实现，但由于种种原因，产品没有得到正确的配置，从而使其相关安全功能没有得到发挥，如操作系统的审计功能没有启用。

注意：

以上情况的分析，只是基于安全等级保护要求得出的主要原因，不同系统有其个性特点，产生差距的原因也不尽相同。总之，在进行系统整改前，要对系统出现差距的原因进行全面分析，只有这样，才能为之后改建方案的设计奠定基础。

2）改建措施分类总体设计

针对差距出现的种种原因，分析如何采取措施来弥补差距。差距产生的原因不同，故整改措施也不同，首先可对改建措施进行分类考虑，主要可从以下几方面进行：

针对情况一，系统需重新考虑设计网络拓扑结构，包括安全产品或安全组件的部署位置、连线方式、IP 地址分配等。根据网络调整的图示方案对原有网络进行调整。针对安全管理方面的整体策略问题，机构需重新定位安全管理策略、方针，明确机构的信息安全管理工作方向。

针对情况二，将未实现的安全技术要求转化为相关安全产品的功能/性能指标要求，在适当的物理/逻辑位置对安全产品进行部署。

针对情况三，正确配置产品的相关功能，使其发挥作用。

无论是哪种情况，改建措施的实现都需要将具体的安全要求落地。也就是说，应如何选择在哪些产品上实现相应等级的安全要求。

3）改建措施详细设计

针对不同的改建措施类别，进一步细化，形成具体的改建方案，包括各种产品的具体部署、配置等。

最终，整改设计方案基本结构为：

①系统存在的安全问题描述。

②差距产生原因分析。

③系统整改措施分类总体设计。

④整改措施详细设计。

⑤整改投资估算。

3. 安全管理制度制定方法

前面主要从技术的角度对整改提出要求和思路，但是等级保护的要求除了包括技术类的要求外，还包括管理类的要求，因此，本节重点介绍基于等级保护要求下的安全管理制度制定方法。

安全管理是保障信息系统安全的重要手段之一，在安全管理过程中，涉及组织、人员、对象和活动等要素，而实施安全管理活动的基本控制手段是通过安全管理制度对活动进行指导和约束。

注意：

在考虑安全制度的制定时需考虑到，一个组织中可能存在多个信息系统，且有不同的安全保护等级，这时必须清楚，不同级别的系统实际上的管理机构只有一个，则配套的安全管理制度可能也只有一套。也就意味着，具有多个不同等级系统的组织，在编制安全管理制度的时候，必须按照"就高原则"进行。

1）设计安全管理文件体系

安全管理体系文件的设计主要根据等级保护基本要求、安全需求分析报告、行业要求、机构总体安全策略等文件，形成统一的系统整体安全管理文件体系。

在体系文件的设计和制定过程中，应围绕组织、人员、对象和活动等要素进行。通常安全管理文件体系的设计应考虑如下一些方面：

（1）安全管理组织或机构，以及他们的安全管理职责。

根据机构的总体安全管理策略，结合等级保护要求，提出机构的安全组织管理机构框架，分配安全组织管理机构的安全管理职责等。

（2）安全管理的人员，以及人员的安全管理职责。

根据机构的总体安全管理策略，结合等级保护要求，提出各个不同级别信息系统的管理人员框架，分配各个级别信息系统的管理人员职责等。

（3）信息系统信息、设备、介质的安全管理策略。

根据机构的总体安全管理策略，结合等级保护要求，提出各个不同级别信息系统的信息、设备、介质的安全管理要求，形成对应的安全管理制度。

（4）信息系统机房及办公区等物理环境的安全管理策略。

根据机构的总体安全管理策略，结合等级保护要求，提出各个不同级别信息系统的机房和办公环境的安全管理要求，形成对应的安全管理制度。

（5）信息系统建设过程的安全管理策略。

根据机构的总体安全管理策略，结合等级保护要求，提出各个不同级别信息系统的建设过程的安全管理要求，形成对应的安全管理制度。

（6）各个等级信息系统运行安全管理策略。

根据机构的总体安全管理策略，结合等级保护要求，提出各个不同级别信息系统的运行维护管理的安全要求，形成对应的安全管理制度。

（7）选择和规定各等级信息系统安全事件处置和应急管理策略。

根据机构的总体安全管理策略，结合等级保护要求，提出各个不同级别信息系统的安全事件处置和应急响应管理的安全管理要求，形成对应的安全管理制度。

安全管理文件体系通常可以考虑如图4-6所示的框架。

安全管理文件体系一般由四个层次的文件构成：最高层次的总体文件，包括总体安全策略和整体安全规定；涉及系统各个方面的安全管理制度；管理工作中主要安全管理活动的操作规程或操作手册；执行各类安全管理活动或操作活动的操作类表单。

2）安全管理制度要素

在具体制定安全管理制度时，首先应考虑各个安全管理制度的格式保持一致，包括字体、章节、编排，等等，例如规定安全管理制度应包括总则和附则，总则说明安全管理制度的制定目的和使用范围，附则说明安全管理制度的解释单位和生效日期。

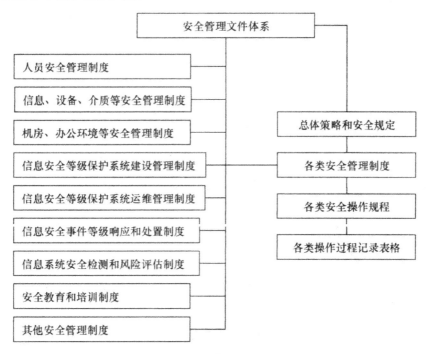

图 4-6　安全管理体系文件框架

安全管理制度建议的基本格式如表 4-4 所示。

表 4-4　安全管理制度基本格式

××××安全管理制度
第一章　总则
第一条　为了保证××××，特制定本制度。
第二条　本制度适用于××××单位的××××安全管理工作。
第二章
……
第六章　附则
第×条　本规定由××××负责解释。
第×条　本规定自发布之日起开始执行。

信息安全管理实务

建议一个企业的安全管理制度可以包括如下几个部分，具体如表 4-5～表 4-14 所示。

(1) 机构和人员安全管理制度。

表 4-5　机构和人员安全管理制度可能的框架和要素

第一章　总则
第二章　机构组成
第三章　人员角色
第四章　职责定义
第五章　信息安全人员管理
第六章　关键岗位人员管理
第七章　第三方人员管理
第八章　培训与教育
第九章　附则

(2) 信息资产安全管理制度。

表 4-6　信息资产安全管理制度可能的框架和要素

第一章　总则
第二章　信息资产分类的定义
第三章　信息资产访问控制权限
第四章　信息资产的数据保护措施
第五章　信息资产的管理与使用
第六章　附则

(3) 软硬件安全管理制度。

表 4-7　软件硬件安全管理制度可能的框架和要素

第一章　总则
第二章　设备购置
第三章　设备管理
第四章　设备使用和应用
第五章　设备维护和维修
第六章　设备报废
第七章　附则

(4) 机房安全管理制度。

表 4-8　机房安全管理制度可能的框架和要素

第一章　总则
第二章　机房安全管理
第三章　机房卫生管理
第四章　机房设备管理
第五章　介质安全管理
第六章　附则

(5) 防病毒安全管理制度。

表 4-9　防病毒安全管理制度可能的框架和要素

第一章　总则 第二章　病毒定义 第三章　管理职责 第四章　防病毒管理员工作要求 第五章　防病毒管理员工作程序 第六章　一般用户的防病毒要求 第七章　附则

(6) 网络运行安全管理制度。

表 4-10　网络运行安全管理制度可能的框架和要素

第一章　总则 第二章　网络管理员职责 第三章　网络运行管理 第四章　网络设备管理 第五章　附则

(7) 系统运行安全管理制度。

表 4-11　系统运行安全管理制度可能的框架和要素

第一章　总则 第二章　系统管理员职责 第三章　操作系统运行管理 第三章　数据库系统运行管理 第四章　附则

(8) 安全事件报告管理制度。

表 4-12　安全事件报告管理制度可能的框架和要素

第一章　总则 第二章　职责 第三章　安全事件定义 第四章　报告程序 第五章　附则

(9) 备份和恢复管理制度。

表 4-13　备份和恢复管理制度可能的框架和要素

第一章　总则
第二章　备份与恢复策略
第三章　备份方法
第四章　恢复方法
第五章　附则

（10）应急预案管理制度。

表 4-14　应急预案管理制度可能的框架和要素

第一章　总则
第二章　应急预案的原则和要求
第三章　应急预案的内容和结构
第四章　附则

4.4　等级保护与信息安全风险评估的关系

信息安全风险评估是参照风险评估标准和管理规范，对信息系统的资产价值、潜在威胁、存在的脆弱性、已采取的防护措施等进行分析，确定威胁利用脆弱性导致安全事件发生的可能性，判断安全事件造成的损失对组织的影响，提出风险管理措施的过程。换言之，就是根据资产的价值、威胁、脆弱性和风险等级确定系统的安全需求，以及应该采取什么样的安全措施应对安全风险的过程。对一个组织所拥有的资产进行识别后，就能获得该资产的安全保护等级。因此，等级保护是国家信息安全的基本制度，风险评估是实施等级保护的重要手段。

信息系统等级测评是依据国家标准、行业标准、地方标准或相关技术规范，按照严格程序对信息系统的安全保障能力进行的科学公正的综合测评活动，对信息系统的等级保护落实情况与信息安全等级保护相关标准要求之间的符合程度的测试判定。

风险评估和等级测评都是对信息及信息系统安全性的一种评价判断方法，具体讲二者在操作方面存在差异。风险评估是明确系统安全需求，确定成本一效益适合的安全控制措施的出发点，风险评估通过对被评估用户广泛的、战略性的分析来判断机构内各类重要资产的风险级别；等级测评则是对已采取的安全控制措施（如管理措施和技术措施等）有效性的验证，等级测评更关注于对系统现有安全控制措施的技术验证，从而给出系统现存安全脆弱性的准确判断。在信息系统整个生命周期，等级测评可以用于信息系统安全规划设计阶段对系统进行安全现状描述评估，提出系统安全改进建议，给出安全需求；在系统安全实施阶段进行系统安全等级测评，测评结果可以作为判断系统是否能够投入运营、使用的依据；在系统安全运维阶段进行系统安全等级测评可以判断系统现有安全控制措施与相应等级要求的符合程度等。

4.5　思考与练习

1. 确定定级要素后，如何进行危害程度的判定？
2. 如何确定定级对象？
3. 如何进行系统划分？
4. 如何进行整改阶段的安全需求分析？
5. 如何对现场测评所获得的数据进行单项测评结果的判定？

第二部分

实务部分

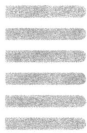

学习单元 5 信息安全风险评估实务

【学习情境 1】常青公司 OA 系统信息安全风险评估

本单元以常青公司（虚拟）OA 系统风险评估案例为载体，构建了相应的学习情境。情境中对风险评估的实施进行了详细的分析。

【学习目的与要求】
掌握信息安全风险评估能力。

5.1 步骤一：风险评估准备

5.1.1 风险评估的目标

常青公司 OA 系统风险评估的目的是通过评估办公自动化（OA）系统的风险状况，让公司的高层领导了解该 OA 系统的安全现状，同时，给出风险控制建议，为今后要制定的 OA 系统安全管理规范以及下一步 OA 系统的风险管理提供依据和建议。

本评估报告中所指的安全风险是针对现阶段 OA 系统的风险状况，反映的是系统目前的安全状态。

5.1.2 范围

常青公司 OA 系统风险评估范围包括某 OA 网络、管理制度、使用或管理 OA 系统的相关人员以及由其办公所产生的文档、数据。

5.1.3 评估管理与实施团队

经公司信息安全工作会议研究决定，成立 OA 系统的风险评估团队（如表 5-1 所示）。评估团队设有项目负责人和项目第二负责人，分别由评估公司项目经理和常青公司办公室主任担任。下设资产识别小组、威胁识别小组、脆弱性识别小组、已有安全控制措施识别小组、风险分析小组和应急响应小组。各小组具体成员不一一列出。评估中涉及常青公司的访谈对象，由该公司办公室主任负责落实。

表 5-1　评估管理与实施团队成员及任务

姓名	职务	责任
刘波	项目负责人、评估公司项目经理	制定评估方案并组织实施
李凯	项目第二负责人、公司办公室主任	沟通与传达；方案审批；辅助和监理
郑世杰	资产识别小组组长	对资产进行分类、赋值并生成相应文档
高华能	威胁识别小组组长	识别威胁并赋值、构建威胁场景
胡昌银	脆弱性识别小组组长	识别脆弱性并赋值，生成相应文档
潘洪伟	已有安全控制措施识别小组组长	对已有安全措施进行识别及有效性分析
代加红	风险分析小组组长	风险分析并从技术、管理和操作等方面提出建议
刘波、李凯	应急响应小组负责人	项目工程中对突发事件作出响应

5.1.4　系统调研

1. OA 系统背景

该系统是一个基于 B/S 架构的办公自动化系统，系统建设目标是将传统手工、纸面、封闭的运作方式转换成自动、电子、开放的方式，提高行政管理及相关业务的工作质量和效率，并为全面信息化建设做好准备工作。

使用该系统的部门包括办公室、业务部门一、业务部门二、财务室、信息中心，日常用户数为 300 人；由办公室管理负责该系统业务管理，信息中心负责系统的运行与维护工作。

2. 应用系统功能及业务流程介绍

1）OA 系统主要功能包括：

（1）各部门协同办公系统，主要功能包括非涉密电子公文交换、公文流转、通知公告、资料交换、事务呈签等日常办公功能。

（2）综合资料管理系统，实现文档的一体化管理，各种类型的信息按分类和分级管理，提供完善的查询检索功能。

（3）若干辅助办公系统，主要包括请示报告处理系统、简易发文系统、短信、电子邮件、局领导日程安排、个人日程安排等。

（2）业务流程

以公文流转业务为例，普通工作人员起草公文，领导通过查看得到文件的初稿。在审批通过后，转给公文下发人员，由公文下发人员发给各个部门相关工作人员。

3. 网络结构图与拓扑图

该 OA 系统网络与 Internet 有物理上的连接，但是通过防火墙进行逻辑隔离保护。该网络包含 OA 服务器组、web 服务器、web 发布服务器、网络连接设备和安全控制中心的 WSUS 设备、防病毒管理服务器等。网络中的两台交换机对外分别连接 Internet 与上级部门办公网络，对内连接防火墙；核心路由器对内连接 OA 服务器组，web 发布服务器，对外连接两台防火墙以及下级部门办公网络，以保证系统的安全。具体的网络拓扑图如图 5-1所示。

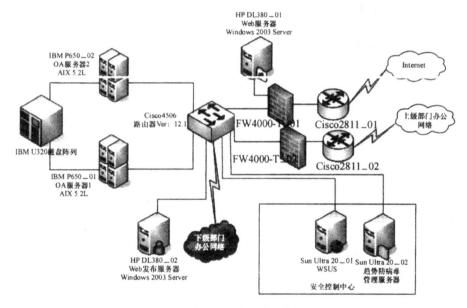

图 5-1   OA 系统网络拓扑结构示意图

4. 网络结构与系统边界

该 OA 系统网络分别与上级部门办公网络、下级部门办公网络以及 Internet 连接。其中用一台核心路由器分别连接下级部门办公网络；连接防火墙，防火墙通过交换机再连接上级部门办公网络和 Internet，具体的系统边界图如图 5-2 所示。

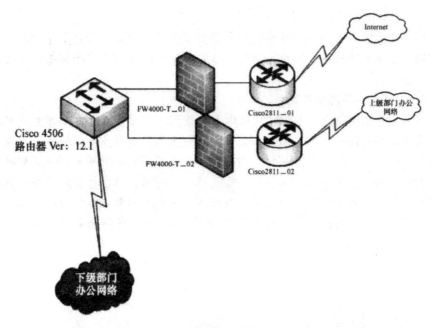

图 5-2   OA 系统边界示意图

表 5-2 列举了主要边界情况。

表 5-2   OA 系统网络边界

网络连接	连接方式	主要连接用户	主要用途
与 Internet 连接	专用光纤	互联网	访问 Internet
与上级部门办公网络连接	专用光纤	上级部门用户	与上级部门公文流转等
与下级部门办公网络连接	专用光纤	下级部门用户	与下级部门公文流转等

5.1.5   评估方式

信息系统通常具有一段时间的生命周期,在其生命周期内完成相应的任务。采取必要的安全保护方式使信息系统在其生命周期内稳定、可靠地运行,是系统各种技术、管理应用的基本原则。

本项目的评估主要根据国际标准和国家标准(具体可参考学习单元 2 中所列的评估依据),从识别信息系统的资产入手,重点针对重要资产分析其面临的安全威胁并识别其存在的脆弱性,最终全面评估系统的安全风险。

资产识别是风险评估的基础,在所有识别的系统信息资产中,依据资产的机密性、完整性和可用性三个安全属性的价值不同,综合判定资产重要性程度并将其划分为核心、关键、中等、普通和次要 5 个等级。其中核心、关键和中等等级的资产都被列为重要资产，并分析其面临的安全威胁。

脆弱性识别主要从技术和管理两个层面，采取人工访问、现场核查、检测扫描、渗透性测试等方式，识别系统所存在的脆弱性和安全隐患。其中，漏洞扫描、渗透性测试采用绿盟远程安全评估系统扫描软件。

根据重要资产已识别的威胁、脆弱性、判断威胁发生的可能性和严重性，结合已有安全控制措施的实施情况综合评估重要信息资产的安全风险。

根据重要信息资产威胁风险值的大小，划分安全风险等级，判断不可接受安全风险的范围，确定风险优先处理等级。

根据不可接受安全风险的范围、重要信息资产安全风险值和风险优先处理等级，提出风险控制措施。

5.1.6 最高管理者的支持

本项目已获得董事会成员多数人的同意，经过公司总裁的批准并签署了有关协议。该项目共投资 5 万元人民币，并委派李凯（办公室主任）等员工一起参与评估工作。

5.2 步骤二：资产识别

5.2.1 资产清单

该 OA 系统资产识别通过分析 OA 系统的业务流程和功能，从信息数据的机密性（C）、完整性（I）和可用性（A）的安全需求出发，识别出对 CIA 三性有影响的信息数据及其承载体和周边环境。

在本次 OA 系统风险评估中进行的资产识别，主要分为硬件资产、文档和数据、人员、管理制度等，其中重点对硬件资产进行风险评估，人员主要分析其安全职责，IT 网络服务和软件结合其涉及的硬件资产进行全面综合评估。下面列出具体的资产清单。

硬件资产如表 5-3 所示。

表 5-3 硬件资产清单

资产编号	资产名称	责任人	资产描述
ASSET_01	IBM P650_01	金晶	OA 服务器，实现 OA 的应用服务
ASSET_02	IBM P650_02	金晶	OA 服务器，实现 OA 的应用服务
ASSET_03	IBM U320	金晶	磁盘阵列，用于数据备份
ASSET_04	FW4000－T_01	王伟	防火墙
ASSET_05	FW4000－T_02	王伟	防火墙

资产编号	资产名称	责任人	资产描述
ASSET _ 06	Cisco 4506	邱杰	路由器
ASSET _ 07	Cisco 2811 _ 01	邱杰	交换机
ASSET _ 08	Cisco 2811 _ 02	邱杰	交换机
ASSET _ 09	HP DL380 _ 01	池俊	Web 服务器
ASSET _ 10	HP DL380 _ 02	池俊	Web 发布服务器
ASSET _ 11	Sun Ultra 20 _ 01	丁强	WSUS，Windows 更新服务器
ASSET _ 12	Sun Ultra 20 _ 02	丁强	趋势防病毒管理服务器

文档和数据资产如表 5-4 所示。

表 5-4　文档和数据资产清单

资产编号	资产名称	责任人	资产描述
ASSET _ 13	人员档案	向春	机构人员档案数据
ASSET _ 14	电子文件数据	向春	OA 系统中的电子文件
ASSET _ 15	病毒库数据	向春	杀毒软件的病毒库数据

制度资产清单如表 5-5 所示。

表 5-5　制度资产清单

资产编号	资产名称	责任人	资产描述
ASSET _ 16	安全管理制度	向春	机房安全管理制度等
ASSET _ 17	备份制度	向春	系统备份制度

人员资产清单如表 5-6 所示。

表 5-6　人员资产清单

资产编号	资产名称	责任人	资产描述
ASSET _ 18	金晶	金晶	OA 系统管理员
ASSET _ 19	王伟	王伟	网络管理员 1（防火墙，路由器，交换机）
ASSET _ 20	邱杰	邱杰	通信网络管理员（去掉）
ASSET _ 20	池俊	池俊	业务管理员（Web 服务等）
ASSET _ 21	丁强	丁强	网络管理员 2（安全控制）
ASSET _ 22	向春	向春	档案和数据管理员，制度实施者

物理环境资产清单见表 5-7。

表 5-7　物理环境资产清单

资产编号	资产名称	责任人	资产描述
ASSET _ 23	总机房	向春	存放主要硬件资产的机房

5.2.2　资产赋值

资产赋值是按照资产的不同安全属性，即机密性、完整性和可用性的重要性和保护要求，分别对识别的资产的 CIA 三性进行赋值。

三性赋值分为 5 个等级，分别对应了该项信息资产机密性、完整性和可用性的不同程度的影响，赋值依据如下：

1.　机密性赋值依据

根据资产机密性（Confidentiality）属性的不同，将它分为 5 个不同的等级，分别对应资产在机密性方面的价值或者在机密性方面受到损失时的影响，如表 5-8 所示。

表 5-8　机密性赋值依据表

赋值	含义	解释
1	很低	对社会公开的信息，公用的信息处理设备和系统资源等信息资产
2	低	指仅在组织内部或在组织某一部门内部公开，向外扩散有可能对组织的利益造成损害
3	中	指包含组织一般性秘密，其泄露会使组织的安全和利益受到损害
4	高	指包含组织的重要秘密，其泄露会使组织的安全和利益遭受严重损害
5	很高	指组织最重要的机密，关系组织未来发展的前途命运，对组织根本利益有着决定性的影响，如果泄露会造成灾难性的影响

2.　完整性赋值依据

根据资产完整性（Integrity）属性的不同，将它分为 5 个不同的等级，分别对应资产在完整性方面的价值或者在完整性方面受到损失时对整个评估的影响，如表 5-9 所示。

表 5-9　完整性赋值依据表

赋值	标识	定　义
1	很低	完整性价值非常低，未经授权的修改或破坏对评估体造成的影响可以忽略，对业务的冲击可以忽略
2	低	完整性价值较低，未经授权的修改或破坏会对评估体造成轻微影响，可以忍受，对业务冲击轻微，损失容易弥补
3	中等	完整性价值中等，未经授权的修改或破坏会对评估体造成较重影响，对业务冲击明显，但损失可以弥补
4	高	完整性价值较高，未经授权的修改或破坏会对评估体造成重大影响，对业务冲击严重，损失比较难以弥补
5	很高	完整性价值非常关键，未经授权的修改或破坏会对评估体造成重大的或特别难以接受的影响，对业务冲击重大，并可能造成严重的业务中断，损失难以弥补

3. 可用性赋值依据

根据资产可用性（Availability）属性的不同，将它分为 5 个不同的等级（见表 5-10），分别对应资产在可用性方面的价值或者在可用性方面受到损失时的影响。

表 5-10　可用性赋值依据表

赋值	标识	定　义
1	很低	可用性价值或潜在影响可以忽略，完整性价值较低，合法使用者对资源的可用度在正常上班时间低于 35%
2	低	可用性价值较低，合法使用者对信息及资源的可用度在正常上班时间达到 35%～75%
3	中等	可用性价值中等，合法使用者对信息及资源的可用度在工作时间的 75%以上，容忍出现偶尔和较短时间的服务中断，且对企业造成的影响不大
4	高	可用性价值较高，合法使用者对信息及资源的可用度达到工作时间的 95%以上，一般不容许出现服务中断的影响，否则将对生产经营造成一定的影响或损失
5	很高	可用性价值非常关键，合法使用者对信息及资源的可用度达到年度 99.9%以上，一般不容许出现服务中断的情况，否则将对生产经营造成重大的影响或损失

根据资产的不同安全属性，即机密性、完整性和可用性的等级划分原则，采用专家指定的方法对所有的资产 CIA 三性予以赋值。赋值后的资产清单如表 5-11 所示。

表 5-11　资产 CIA 三性等级表

资产编号	资产名称	机密性	完整性	可用性
ASSET _ 01	IBM P650 _ 01 OA 服务器 1	5	5	5
ASSET _ 02	IBM P650 _ 02 OA 服务器 2	5	5	5
ASSET _ 03	IBM U320 磁盘阵列	5	5	5
ASSET _ 04	FW4000-T _ 01 防火墙 1	5	5	5
ASSET _ 05	FW4000-T _ 02 防火墙 2	5	5	5
ASSET _ 06	Cisco 4506 路由器	3	4	5
ASSET _ 07	Cisco 2811 _ 01 交换机 1	2	4	4
ASSET _ 08	Cisco 2811 _ 02 交换机 2	3	4	5
ASSET _ 09	HP DL380 _ 01web 服务器	3	3	3
ASSET _ 10	HP DL380 _ 02 web 发布服务器	3	3	3
ASSET _ 11	Sun Ultra 20 _ 01Windows 更新服务器	3	3	3

资产编号	资产名称	机密性	完整性	可用性
ASSET_12	Sun Ultra 20_02 防病毒管理服务器	3	3	3
ASSET_13	人员档案	5	5	2
ASSET_14	电子文件数据	5	5	3
ASSET_15	病毒库数据	5	5	3
ASSET_16	安全管理制度	1	4	4
ASSET_17	备份制度	1	4	4
ASSET_18	金晶（OA系统管理员）	5	3	2
ASSET_19	王伟（网络管理员1）	5	3	2
ASSET_20	池俊（业务管理员1）	3	3	3
ASSET_21	丁强（网络管理员2）	2	2	2
ASSET_22	向春（档案和数据管理员）	5	3	2
ASSET_23	总机房	3	3	3

5.2.3　资产分级

资产价值应依据资产在机密性、完整性和可用性上的赋值等级，经过综合评定得出。根据本系统的业务特点，采取相乘法决定资产的价值。计算公式如下：

$$v = f(x,y,z) = \sqrt{\sqrt{x \times y \times z}}$$

其中：v 表示资产价值，x 表示机密性，y 表示完整性，z 表示可用性。

根据该计算公式可以计算出资产的价值。例如取资产 ASSET_01 三性值代入公式如下：

$$v = f(5,5,5) = \sqrt{\sqrt{5 \times 5 \times 5}}$$

得资产 ASSET_01 的资产价值＝5，依次类推得到本系统资产的价值清单如表 5-12 所示。

表 5-12　资产价值表

资产编号	资产名称	机密性	完整性	可用性	资产价值
ASSET_01	IBM P650_01 OA服务器1	5	5	5	5
ASSET_02	IBM P650_02 OA服务器2	5	5	5	5
ASSET_03	IBM U320 磁盘阵列	5	5	5	5
ASSET_04	FW4000-T_01 防火墙1	5	5	5	5

资产编号	资产名称	机密性	完整性	可用性	资产价值
ASSET _ 05	FW4000-T _ 02 防火墙 2	5	5	5	5
ASSET _ 06	Cisco 4506 路由器	3	4	5	4.2
ASSET _ 07	Cisco 2811 _ 01 交换机 1	2	4	4	3.4
ASSET _ 08	Cisco 2811 _ 02 交换机 2	3	4	5	4.2
ASSET _ 09	HP DL380 _ 01web 服务器	3	3	3	3
ASSET _ 10	HP DL380 _ 02 web 发布服务器	3	3	3	3
ASSET _ 11	Sun Ultra 20 _ 01Windows 更新服务器	3	3	3	3
ASSET _ 12	Sun Ultra 20 _ 02 防病毒管理服务器	3	3	3	3
ASSET _ 13	人员档案	5	5	2	3.2
ASSET _ 14	电子文件数据	5	5	3	3.9
ASSET _ 15	病毒库数据	5	5	3	3.9
ASSET _ 16	安全管理制度	1	4	4	2.8
ASSET _ 17	备份制度	1	4	4	2.8
ASSET _ 18	金晶（OA 系统管理员）	5	3	2	2.8
ASSET _ 19	王伟（网络管理员 1）	5	3	2	2.8
ASSET _ 20	池俊（业务管理员 1）	3	3	3	3
ASSET _ 21	丁强（网络管理员 2）	2	2	2	2
ASSET _ 22	向春（档案和数据管理员）	5	3	2	2.8
ASSET _ 23	总机房	3	3	3	3

为与上述安全属性的赋值相对应，根据最终赋值将资产划分为 5 级，级别越高表示资产越重要。表 5-13 划分表明了不同等级的重要性的综合描述。

表 5-13 资产重要性程度判断准则

资产价值	资产等级	资产等级值	定　义
$1 < x \leqslant 1.8$	很低	1	价值非常低，属于普通资产，损害或破坏对该部门造成的影响可以忽略，对业务冲击可以忽略
$1.8 < x \leqslant 2.6$	低	2	价值较低，损害或破坏会对该部门造成轻微影响，可以忍受，对业务冲击轻微，损失容易弥补
$2.6 < x \leqslant 3.4$	中	3	价值中等，损害或破坏会对该部门造成影响，对业务冲击明显，但损失可以弥补
$3.4 < x \leqslant 4.2$	高	4	价值非常重要，损害或破坏会对该部门造成重大影响，对业务冲击严重，损失比较难以弥补
$4.2 < x \leqslant 5$	很高	5	价值非常关键，损害或破坏会影响全局，造成重大的或无法接受的损失，对业务冲击重大，并可能造成严重的业务中断，损失难以弥补

根据表 5-13 中对资产等级的规定，可以通过资产价值得到资产的等级。本系统的资产等级如表 5-14 所示。

表 5-14　资产价值表

资产编号	资产名称	资产价值	资产等级	资产等级值
ASSET_01	IBM P650_01 OA 服务器 1	5	很高	5
ASSET_02	IBM P650_02 OA 服务器 2	5	很高	5
ASSET_03	IBM U320 磁盘阵列	5	很高	5
ASSET_04	FW4000-T_01 防火墙 1	5	很高	5
ASSET_05	FW4000-T_02 防火墙 2	5	很高	5
ASSET_06	Cisco 4506 路由器	4.2	高	4
ASSET_07	Cisco 2811_01 交换机 1	3.4	中	3
ASSET_08	Cisco 2811_02 交换机 2	4.2	高	4
ASSET_09	HP DL380_01web 服务器	3	中	3
ASSET_10	HP DL380_02 web 发布服务器	3	中	3
ASSET_11	Sun Ultra 20_01Windows 更新服务器	3	中	3
ASSET_12	Sun Ultra 20_02 防病毒管理服务器	3	中	3
ASSET_13	人员档案	3.2	中	3
ASSET_14	电子文件数据	3.9	高	4
ASSET_15	病毒库数据	3.9	高	4
ASSET_16	安全管理制度	2.8	中	3
ASSET_17	备份制度	2.8	中	3
ASSET_18	金晶（OA 系统管理员）	2.8	中	3
ASSET_19	王伟（网络管理员 1）	2.8	中	3
ASSET_20	池俊（业务管理员 1）	3	中	3
ASSET_21	丁强（网络管理员 2）	2	低	2
ASSET_22	向春（档案和数据管理员）	2.8	中	3
ASSET_23	总机房	3	中	3

根据《信息安全技术信息安全风险评估规范（GB/T20984—2007）》及资产对业务、运作及声誉影响程度设定常青公司重要资产的判定标准为：资产等级值大于等于 3。由表 5-14，可以很容易地列出常青公司的重要资产清单列表（略）。

5.3　步骤三：威胁识别

5.3.1　安全威胁

安全威胁是一种对系统及其资产构成潜在破坏的可能性因素或者事件。

无论是多么安全的信息系统，安全威胁始终是一个客观存在的事物，它是风险评估的重要因素之一。

产生安全威胁的主要因素主要可以分为人为因素和环境因素。人为因素又可划分为有意和无意两种，环境因素包括自然界的不可抗拒因素和其他物理因素。威胁作用形式可以是对信息系统直接或间接的攻击，例如非授权的泄露、篡改、删除等，在机密性、完整性或可用性等方面造成损害。也可能是偶然发生的或蓄意的事件。一般来说，威胁总是要利用网络、系统、应用或数据的弱点才可能成功地对资产造成伤害。安全事件及其后果是分析安全威胁的重要依据。

根据威胁出现频率的不同，将它划分为 5 个不同的等级。以此属性来衡量威胁，具体的判断准则如表 5-15 所示。

表 5-15　威胁出现频率判断准则

等级	出现频率	描　　述
1	很低	威胁利用弱点发生危害几乎不可能发生，仅可能在非常罕见和例外的情况下发生
2	低	威胁利用弱点发生危害的可能性较小，一般不太可能发生，也没有被证实发生过
3	中	威胁利用弱点发生危害的可能性中等，在某种情况下可能会发生但未被证实发生过
4	高	威胁利用弱点发生危害的可能性较高，在大多数情况下很有可能会发生或者可以证实曾发生过
5	很高	威胁利用弱点发生危害的可能性很高，在大多数情况下几乎不可避免或者可以证实发生过的频率较高

5.3.2　OA 系统威胁识别

对 OA 系统的安全威胁分析重点要对重要资产进行威胁识别，分析其威胁来源和种类。在本次评估中，主要采用了人员访谈和工具检测来获得实际威胁信息。通过人员访谈了解以往发生过的安全事件及威胁工具检测主要通过分析网络流量（一般通过 IDS 完成此项工作）、查阅安全设备日志来获取威胁信息。通过对整体威胁形势的掌握和外部威胁统计报告大致确定潜在威胁。表 5-16 为本次评估分析得到的威胁来源、威胁种类以及威胁发生的频率。

表 5-16　OA 系统潜在的安全威胁来源列表

威胁来源	威胁来源描述
恶意内部人员	因为特殊原因，OA 系统内部人员对信息系统进行恶意的攻击或破坏；采用自主的或内外勾结的方式窃取机密信息或进行篡改，获得利益
无恶意内部人员	OA 系统内部人员由于缺乏责任感，或由于马虎粗心，或没有遵循规章制度和操作流程而导致故障或被攻击；内部人员由于缺乏相关培训，专业技能不合格，不具备岗位技能要求而导致信息系统故障或被攻击
第三方	主要指来自合作伙伴、服务提供商、外包服务供应商、渠道和其他与本组织的信息系统有联系的第三方的威胁
设备故障	由于软件、硬件、数据、通信线路方面的故障
环境因素、意外事故	由于断电、静电、灰尘、潮湿、温度、鼠蚁虫害、电磁干扰、洪灾、火灾、地震等环境条件和自然灾害等的威胁

经项目负责人批准确认形成了威胁列表如表 5-17 所示。

表 5-17　OA 系统面临的安全威胁种类

威胁标号	威胁类别	出现频率	威胁描述
THREAT-01	硬件故障	低	由于设备硬件出现故障、通信链路中断导致对业务稳定高效运行的影响
THREAT-02	软件故障	低	系统本身或软件缺陷导致对业务稳定高效运行的影响
THREAT-03	恶意代码和病毒	高	具有自我复制、自我传播能力，对信息系统构成破坏的程序代码
THREAT-04	物理环境威胁	很低	环境问题和自然灾害
THREAT-05	未授权访问	高	因系统或网络访问权限控制不当引起非授权访问
THREAT-06	权限滥用	中	滥用自己的职权，做出泄露或破坏信息系统及数据的行为
THREAT-07	探测窃密	中	通过窃听、恶意攻击的手段获取系统秘密信息
THREAT-08	数据篡改	中	通过恶意攻击非授权修改信息，破坏信息的完整性
THREAT-09	漏洞利用	中	用户利用系统漏洞的可能性
THREAT-10	电源中断	很低	通过恶意攻击使得电源不可用
THREAT-11	物理攻击	很低	物理接触、物理破坏、盗窃
THREAT-12	抵赖	中	不承认接收到的信息和所做过的操作
THREAT-13	维护错误或操作失误	中	由于应该执行而没有执行相应的操作，或非故意地执行了错误的操作，对系统造成影响

续前表

威胁标号	威胁类别	出现频率	威胁描述
THREAT-14	系统负载过载	低	由于系统服务器执行负载后出现过载（或达到饱和）无法响应新的请求
THREAT-15	社会工程攻击	中	社会工程攻击是一种利用"社会工程学"来实施的网络攻击行为

在前面威胁分类与识别的基础上，为每个重要资产或重要资产类别构建威胁场景图，即形成重要资产—威胁对，方便后面的风险分析。构建的威胁场景图如表 5-18 所示。

表 5-18　重要资产威胁场景表

重要资产威胁场景—硬件资产			
资产编号	资产名称	威胁标号	威胁描述
ASSET_01	IBM P650_01 OA 服务器 1	13	操作失误
		03	木马后门攻击
		01	设备硬件故障
		03	网络病毒传播
		13	维护错误
		05	未授权访问系统资源
		14	系统负载过载
		02	软件故障
		08	数据篡改
ASSET_02	IBM P650_02 OA 服务器 2	同 IBM P650_01 OA 服务器 1 类似	
ASSET_03	IBM U320 磁盘阵列	13	维护错误
ASSET_04	FW4000-T_01 防火墙 1	13	操作失误
		05	访问控制策略管理不当
		13	维护错误
		05	未授权访问资源
		12	原发抵赖
ASSET_05	FW4000-T_02 防火墙 2	与 FW4000-T_01 防火墙 1 类似	
ASSET_06	Cisco 4506 路由器	13	操作失误
		13	维护错误
		05	未授权访问网络资源
		07	嗅探系统安全配置数据如账户、口令、权限等
		12	原发抵赖
ASSET_07	Cisco 2811_01 交换机 1	13	操作失误
		12	原发抵赖
		13	维护错误
ASSET_08	Cisco 2811_02 交换机 2	与 Cisco 2811_01 交换机 1 相似	

续前表

重要资产威胁场景—硬件资产			
资产编号	资产名称	威胁标号	威胁描述
ASSET_09	HP DL380_01web 服务器	06	滥用权限
		03	木马后门攻击
		15	社会工程威胁
		03	网络病毒传播
		13	维护错误
		05	未授权访问系统资源
		05	未授权访问资源
		13	操作失误
ASSET_10	HP DL380_02 web 发布服务器	与 HP DL380_01web 服务器类似	
ASSET_11	Sun Ultra 20_01Windows 更新服务器		
ASSET_12	Sun Ultra 20_02 防病毒管理服务器	13	操作失误
		3	网络病毒
		1	设备硬件故障
		3	木马后门攻击
		13	维护错误
		05	未授权访问系统资源
		14	系统负载过载
		12	原发抵赖
重要资产威胁场景—文档和数据资产			
ASSET_13	人员档案	05	滥用权限
		05	未授权访问资源
ASSET_14	电子文件数据	同上	
ASSET_15	病毒库数据		
重要资产威胁场景—制度资产			
ASSET_16	安全管理制度	04	物理环境威胁
		10	电源故障
ASSET_17	备份制度	同上	
重要资产威胁场景—人员资产			
ASSET_18	金晶（OA 系统管理员）	15	社会工程威胁
ASSET_19	王伟（网络管理员 1）	15	社会工程威胁
ASSET_20	池俊（业务管理员 1）	15	社会工程威胁
ASSET_22	丁强（网络管理员 2）	15	社会工程威胁
重要资产威胁场景—物理资产			
ASSET_23	总机房	04	电磁干扰

5.4 步骤四：脆弱性识别

脆弱性识别主要从技术和管理两个方面进行评估，详细的评估结果如下所述。该 OA 系统的脆弱性评估采用工具扫描、配置核查、策略文档分析、安全审计、网络架构分析、业务流程分析、应用软件分析等方法。

根据脆弱性严重程度的不同，将它分为 5 个不同的等级。具体的判断准则如表 5-19 所示。

本学习单元将不单独列出已有安全控制措施的识别及有效性分析过程和结果，直接将赋值体现在脆弱性的赋值中（即脆弱性的赋值已经考虑了已有安全控制措施的有效性值）。

表 5-19 脆弱性严重程度分级表

等级	严重程度	描 述
1	很低	该脆弱性可能造成的资产损失可以忽略，对业务无损害、轻微或可忽略
2	低	该脆弱性若被威胁利用，造成资产损失较小，能在较短的时间内得到控制
3	中等	该脆弱性若被威胁利用，可以造成资产损失、业务受到损害等影响
4	高	该脆弱性若被威胁利用，可以造成资产重大损失、业务中断等严重影响
5	很高	该脆弱性若被威胁利用，可以造成资产全部损失或业务不可用

5.4.1 技术脆弱性识别

技术脆弱性识别主要从现有安全技术措施的合理性和有效性来分析。评估的详细结果如表 5-20 所示。（同类型资产只列一个作为代表）

表 5-20 技术脆弱性识别结果

资产 ID 与名称	脆弱性	脆弱性名称	严重程度	脆弱性描述
ASSET_01：OA 服务器 1	VULN_01	Rpestated；RPC st-atdremote file crea-tion and removal	很高	RPC 服务导致远程可以创建、删除文件。攻击者可以在主机的任何目录中创建文件
	VULN_02	CdeDtspcdBo；multi-vendor CDEdtspcd dae-mon buffer overflow	高	CDE 的子进程中存在有缓冲区溢出的弱点，该弱点可能使黑客执行用户系统内任意代码
	VULN_03	Smtpscan 指纹识别工具	中	Smtpscan 是一个由 JulienBordet 编写的，对 SMTP 服务器进行指纹识别的工具。即使管理员更改了服务器的标识，该工具仍可识别远程邮件服务器

资产 ID 与名称	脆弱性	脆弱性名称	严重 程度	脆弱性描述
	VULN_04	DCE 服务列举漏洞	低	通过与端口 135 建立连接并发送合适的请求,将会获得远程主机上运行的 DCE 服务
	VULN_05	WebDAV 服务器启用	低	远程服务器正在运行 WebDAV。WebDAV 是 HTTP 规范的一个扩展的标准,允许授权用户远程地标准和管理 Web 服务器的内容。如果不使用该扩展标准,应该禁用此功能
	VULN_06	允许匿名登录 FTP	高	该 FTP 服务允许匿名登录,如果不想造成信息泄露,应该禁用匿名登录项
	VULN_07	可以通过 SMB 连接注册表	高	用户可以使用 SMB 测试中的 login/password 组合远程连接注册表。允许远程连接注册表存在潜在危险,攻击者可能由此获取更多主机信息
ASSET_01: OA 服务器 2	VULN_08 至 VULN_14	同 OA 服务器 1VULN_01 至 VULN_07 的 7 个脆弱性		
ASSET_03: 磁盘阵列	VULN_15	缺少操作规程和职责管理	低	缺少严格的操作流程规范和明确的职责分工管理
	VULN_16	未启用日志功能	中	缺乏对管理和操作日志的记录
ASSET_04: FW4000-T_01	VULN_17	防火墙开发端口增加	中	导致供给者可以利用该漏洞进行控制,极大地降低了防火墙的安全性
	VULN_18	防火墙关键模块失效	很高	导致防火墙的失效
	VULN_19	非法流量流出外网	低	防火墙配置可能存在缺陷
	VULN_20	防火墙模块工作异常	中	防火墙的异常
	VULN_21	未启用日志功能	中	缺乏对管理和操作日志的记录
ASSET_05: FW4000-T_02	VULN_22	防火墙开发端口增加	中	导致供给者可以利用该漏洞进行控制,极大地降低了防火墙的安全性
	VULN_23	防火墙关键模块失效	很高	导致防火墙的失效
	VULN_24	非法流量流出外网	低	防火墙配置可能存在缺陷
	VULN_25	防火墙模块工作异常	中	防火墙的异常
	VULN_26	SMB 登录	高	尝试使用多个 login/password 组合登录远程主机
ASSET_06: Cisco 4506	VULN_27	未启用日志功能	中	缺乏对管理和操作日志的记录
	VULN_28	Cisco IOS 界面被 IPv4 数据包阻塞	中	通过发送不规则 IPv4 数据包可以阻塞远程路由器,攻击者可以利用该漏洞使路由无法工作

续前表

资产 ID 与名称	脆弱性	脆弱性名称	严重程度	脆弱性描述
ASSET _ 07: Cisco 2811 _ 01	VULN _ 29	未启用日志功能	中	缺乏对管理和操作日志的记录
	VULN _ 30	恶意代码、木马和后门	中	导致机器被非法控制
ASSET _ 08: Cisco 2811 _ 02	VULN _ 31	未启用日志功能	中	缺乏对管理和操作日志的记录
	VULN _ 32	恶意代码、木马和后门	中	导致机器被非法控制
ASSET _ 09: Web 服务器	VULN _ 33	ADMIN _ RESTRICTIONS 旗标没有设置	很高	监听器口令没有正确设置，攻击者可以修改监听器参数
	VULN _ 34	监听器口令没有设置	很高	如果监听器口令没有设置，攻击者可以利用监听器服务在操作系统上写文件，从而可能获得 Oracle 数据库的账号
ASSET _ 10: Web 发布服务器	VULN _ 35	ADMIN _ RESTRICTIONS 旗标没有设置	很高	监听器口令没有正确设置，攻击者可以修改监听器参数
	VULN _ 36	监听器口令没有设置	很高	如果监听器口令没有设置，攻击者可以利用监听器服务在操作系统上写文件，从而可能获得 Oracle 数据库的账号
ASSET _ 11: Windows 更新服务器	VULN _ 37	安装与维护缺乏管理	中	如果 Windows 补丁不能及时更新的话，对网络内的 PC 保护不够
ASSET _ 12: 病毒服务器	VULN _ 38	系统负载过载	中	如果并发请求太多，导致系统负载过载，服务器无法响应计算机终端从服务器及时更新病毒库的请求

5.4.2 管理脆弱性识别

本部分主要描述该 OA 系统目前在信息安全管理上存在的安全弱点现状以及风险现状，并标识其严重程度。评估的详细结果如表 5-21 所示。

表 5-21 管理脆弱性识别结果

资产 ID 与名称	脆弱性 ID	脆弱性名称	严重程度	脆弱性描述
ASSET _ 13: 人员档案	VULN _ 39	访问控制策略脆弱	高	没有访问控制策略或未实施
	VULN _ 40	信息资产分类脆弱性	中	信息资产没有清晰的分类标志
ASSET _ 16: 安全管理制度	VULN _ 41	供电系统情况脆弱性	高	没有配备 UPS，没有专用的供电线路
	VULN _ 42	机房安全管理控制脆弱性	中	没有严格的执行机房安全管理制度

资产 ID 与名称	脆弱性 ID	脆弱性名称	严重程度	脆弱性描述
	VULN＿43	审计操作规程脆弱性	中	对 OA 服务器的管理以及操作审计信息偏少
	VULN＿44	安全策略脆弱性	中	由于没有配备信息安全顾问，导致安全策略不符合实际需求
ASSET＿17：备份制度	VULN＿45	备份制度不健全脆弱性	中	没有制定系统备份制度，出现突发事件后无法进行恢复
ASSET＿18：OA 系统网络管理员	VULN＿46	人员奖惩规则脆弱性	中	没有适当的奖惩规则
	VULN＿47	人员保密协议脆弱性	高	没有正式的保密协议
ASSET＿23：总机房	VULN＿48	机房缺少电磁防护	中	总机房缺少电磁防护，容易受电磁干扰

5.5　步骤五：风险分析

5.5.1　风险计算方法

在完成了资产识别、威胁识别、脆弱性识别之后，将采用适当的方法与工具确定威胁利用脆弱性导致安全事件发生的可能性。综合安全事件所作用的资产价值及脆弱性的严重程度，判断安全事件造成的损失对组织的影响，即安全风险。以下面的范式形式化加以说明：

$$风险值 = R(A, T, V) = R(L(T, V), F(Ia, Va))$$

其中：R 表示安全风险计算函数，A 表示资产，T 表示威胁出现频率，V 表示脆弱性，Ia 表示安全事件所作用的资产价值，Va 表示脆弱性严重程度，L 表示威胁利用资产的脆弱性导致安全事件发生的可能性，F 表示安全事件发生后产生的损失。

风险计算的过程中有三个关键环节：

1. 计算安全事件发生的可能性

根据威胁出现频率及脆弱性的状况，计算威胁利用脆弱性导致安全事件发生的可能性，即：

$$安全事件发生的可能性 = L(威胁出现频率, 脆弱性) = L(T, V)$$

在计算安全事件发生的可能性时，本系统采用矩阵法进行计算。该二维矩阵如表 5-22 所示。

表 5-22　安全事件可能性计算二维矩阵

威胁出现频率 \ 脆弱性	1	2	3	4	5
1	2	4	7	9	12
2	3	6	10	14	17
3	5	9	12	16	20
4	7	11	14	20	22
5	8	12	17	22	25

如资产 ASSET_01 的未授权访问威胁发生频率为 3，资产 ASSET_01 允许匿名登录 FTP 脆弱性为 4，根据威胁出现频率值和脆弱性严重程度在矩阵中进行对照，则：

$$安全事件发生的可能性 = L(威胁出现频率, 脆弱性) = L(3,4) = 16$$

根据计算得到的安全事件发生可能性值的不同，将它分为 5 个不同的等级，分别对应安全事件发生可能性的程度。划分的原则如表 5-23 所示。

表 5-23　安全事件发生可能等级判断准则

安全事件发生可能性值	1~5	6~10	11~15	16~20	21~25
发生可能性等级	1	2	3	4	5

根据安全事件发生可能程度判断准则判断，发生可能性等级为 4。

2. 计算安全事件发生后的损失

根据资产价值及脆弱性严重程度，计算安全事件一旦发生后所遭受的损失，即：

$$安全事件的损失 = F(资产价值, 脆弱性严重程度) = F(Ia, Va)$$

在计算安全事件的损失时，本系统采用矩阵法进行计算。该二维矩阵如表 5-24 所示。

如资产 ASSET_01 的资产价值等级为 5，资产 ASSET_01 允许匿名登录 FTP 脆弱性严重程度为 4，根据资产等级和脆弱性严重程度值在矩阵中进行对照则：

$$安全事件的损失 = F(资产价值, 脆弱性严重程度) = F(5,4) = 21$$

表 5-24　安全事件损失计算二维矩阵

资产价值\脆弱性严重程度	1	2	3	4	5
1	2	4	7	10	13
2	3	6	9	12	16
3	4	7	11	15	20
4	5	8	14	19	22
5	6	12	16	21	25

根据计算得到安全事件的损失的不同，将它划分为 5 个不同的等级，分别对应安全事件的损失程度。划分的原则如表 5-25 所示。

表 5-25　安全事件损失等级判断准则

安全事件损失值	1～5	6～10	11～15	16～20	21～25
安全事件损失等级	1	2	3	4	5

根据安全事件损失程度判断准则判断，则安全事件损失等级为 5。

3. 计算风险值

根据计算出的安全事件发生的可能性以及安全事件的损失，计算风险值，即：

$$风险值 = R(安全事件发生的可能性, 安全事件的损失)$$
$$= R(L(T, V), F(\mathrm{Ia}, \mathrm{Va}))$$

在计算风险值时，本系统采用矩阵法进行计算。该二维矩阵如表 5-26 所示。

表 5-26　风险值计算二维矩阵

威胁出现频率\脆弱性	1	2	3	4	5
1	3	6	9	12	16
2	5	8	11	15	18
3	6	9	13	18	21
4	7	11	16	21	23
5	9	14	20	23	25

如资产 ASSET_01 的安全事件发生的可能性程度为 4，安全事件的损失等级为 5，根据资产价值等级和脆弱性严重程度值在矩阵中进行对照，则：

$$风险值 = R(L(T, V), F(\mathrm{Ia}, \mathrm{Va})) = R(4, 5) = 23$$

根据计算得到风险值的不同，将它划分为 5 个不同的等级。划分的原则如表 5-27 所示。

表 5-27　风险等级判断准则

风险值	1～6	7～12	13～18	19～23	24～25
风险等级	很低	低	中	高	很高

根据风险等级判断准则判断，则风险等级为高。

5.5.2　风险分析

1. 硬件资产风险分析

利用得到的资产识别，威胁识别和脆弱性识别，以及已有安全控制措施及有效性分析结果，根据风险分析原则，评估得到本系统的部分硬件资产风险如表 5-28 所示。

表 5-28　硬件资产风险分析表

资产 ID 与名称	资产等级	威胁 ID	威胁名称	威胁发生可能性	脆弱性 ID	脆弱性名称	脆弱性严重程度
ASSET_01: OA 服务器 1	5	THREAT-09	漏洞利用	3	VULN_03	Smtpscan 指纹识别工具	3
					VULN_04	DCE 服务列举漏洞	2
					VULN_05	WebDAV 服务器启用	4
		THREAT-06	未授权访问	4	VULN_06	允许匿名登录 FTP	4
					VULN_07	可以通过 SMB 连接注册表	4
ASSET_03: 磁盘阵列	5	THREAT-06	未授权访问	1	VULN_15	缺少操作规程和职责管理	3
ASSET_04: FW4000-T_01	5	THREAT-06	未授权访问	4	VULN_17	防火墙开发端口增加	3
					VULN_18	防火墙关键模块失效	5
		THREAT-09	漏洞利用	3	VULN_19	非法流量流出外网	2
					VULN_20	防火墙模块工作异常	3
ASSET_06: Cisco 4506	2	THREAT-09	漏洞利用	5	VULN_28	Cisco IOS 界面被 IPv4 数据包阻塞	3
ASSET_07: Cisco 2811_01	2	THREAT-03	恶意代码和病毒	5	VULN_30	恶意代码、木马和后门	3

续前表

资产 ID 与名称	资产等级	威胁 ID	威胁名称	威胁发生可能性	脆弱性 ID	脆弱性名称	脆弱性严重程度
ASSET_09：Web 服务器	5	THREAT—06	未授权访问	4	VULN_33	ADMIN_RESTRICTIO-NS 旗标没有设置	5
					VULN_34	监听器口令没有设置	5
ASSET_11：Windows 更新服务器	3	THREAT—13	维护错误或操作失误	2	VULN_37	安装与维护缺乏管理	3
ASSET_12：病毒服务器	3	THREAT—14	系统负载过载	1	VULN_38	未制定并发网络访问控制策略	3

下面以资产 ASSET_01 为例外计算该资产的风险值和风险等级。

1）计算安全事件发生的可能性

根据威胁出现频率及脆弱性的状况，在计算安全事件发生的可能性时，本系统采用矩阵法进行计算。该二维矩阵法如表 5-29 所示。

表 5-29　安全事件可能性计算二维矩阵表

威胁出现频率＼脆弱性严重程度	1	2	3	4	5
1	2	4	7	9	12
2	3	6	10	14	17
3	5	9	12	16	20
4	7	11	14	20	22
5	8	12	17	22	25

资产 ASSET_01 的未授权访问威胁发生频率＝3，资产 ASSET-01 允许匿名登录 FTP 脆弱性严重等级＝4，根据安全事件可能性计算矩阵，则：

安全事件发生的可能性＝16

安全事件发生可能等级判断准则如表 5-30 所示。

表 5-30　安全事件发生可能等级判断准则

安全事件发生可能性值	1～5	6～10	11～15	16～20	21～25
安全可能性等级	1	2	3	4	5

根据安全事件发生可能程度判断准则判断，则：

安全事件发生可能性等级＝4

2）计算安全事件发生后的损失

根据资产价值及脆弱性严重程度，在计算安全事件的损失时，本系统采用矩阵法进行计算。该二维矩阵如表 5-31 所示。

表 5-31　安全事件损失计算二维矩阵表

资产价值 ＼ 脆弱性严重程度	1	2	3	4	5
1	2	4	7	10	13
2	3	6	9	12	16
3	4	7	11	15	20
4	5	8	14	19	22
5	6	12	16	21	25

资产 ASSET ＿ 01 的资产值等级＝5，资产 ASSET ＿ 01 允许匿名登录 FTP 脆弱性严重等级＝4，根据资产价值等级和脆弱性严重程度值在矩阵中进行对照，则：

安全事件的损失＝F（资产价值等级，脆弱性严重程度）＝$F(5,4)=21$

安全事件损失等级判断准则如表 5-32 所示。

表 5-32　安全事件损失等级判断准则

安全事件值	1～5	6～10	11～15	16～20	21～25
安全事件损失等级	1	2	3	4	5

根据安全事件损失程度判断准则判断，则：

安全事件损失等级＝5

3）计算风险值

根据计算出的安全事件发生的可能性以及安全事件的损失，在计算风险值时，本系统采用矩阵法进行计算。该二维矩阵如表 5-33 所示。

表 5-33　风险值计算二维矩阵表

	安全事件发生的可能性	1	2	3	4	5
安全事件的损失	1	3	6	9	12	16
	2	5	8	11	15	18
	3	6	9	13	18	21
	4	7	11	16	21	23
	5	9	14	20	23	25

资产 ASSET＿01 的安全事件发生的可能性＝4，安全事件的损失等级＝5，根据资产价值等级和脆弱性严重程度值在矩阵中进行对照，则：

风险值＝23

风险等级判断准则如表 5-34 所示。

表 5-34 风险等级判断准则

风险值	1～6	7～12	13～18	19～23	24～25
风险等级	很低	低	中	高	很高

根据风险等级判断准则判断，则风险等级为高。

其他硬件资产的风险值和风险等级计算过程类似，通过风险计算，得到本系统的部分硬件资产的风险状况如表 5-35 所示。（由于篇幅原因，只分析了部分资产的部分风险）

表 5-35 硬件资产风险分析结果表

资产 ID 与名称	资产等级	威胁 ID	威胁名称	威胁发生可能性	脆弱性 ID	脆弱性名称	脆弱性严重程度	风险值	风险等级
ASSET＿01：OA 服务器 1	5	THREAT－09	漏洞利用	3	VULN＿03	Smtpscan 指纹识别工具	3	16	中
					VULN＿04	DCE 服务列举漏洞	2	9	低
		THREAT－09 THREAT－06	漏洞利用 未授权访问	4	VULN＿05	WebDAV 服务器启用	4	23	高
					VULN＿06	允许匿名登录 FTP	4	23	高
					VULN＿07	可以通过 SMB 连接注册表	4	23	高
ASSET＿03：磁盘阵列	5	THREAT－06	未授权访问	1	VULN＿15	缺少操作规程和职责管理	3	9	低
ASSET＿04：FW4000－T＿01	5	THREAT－06	未授权访问	4	VULN＿17	防火墙开发端口增加	3	21	高
					VULN＿18	防火墙关键模块失效	5	25	很高
		THREAT－09	漏洞利用	3	VULN＿19	非法流量流出外网	2	11	低
					VULN＿20	防火墙模块工作异常	3	16	中

续前表

资产 ID 与名称	资产等级	威胁 ID	威胁名称	威胁发生可能性	脆弱性 ID	脆弱性名称	脆弱性严重程度	风险值	风险等级
ASSET_06：Cisco 4506	2	THREAT—09	漏洞利用	5	VULN_28	Cisco IOS 界面被 IPv4 数据包阻塞	3	15	中
ASSET_07：Cisco 2811_01	2	THREAT—03	恶意代码和病毒	5	VULN_30	恶意代码、木马和后门	3	15	中
ASSET_09：Web 服务器	5	THREAT—06	未授权访问	4	VULN_33	ADMIN_RESTRICTIONS 旗标没有设置	5	25	很高
					VULN_34	监听器口令没有设置	5	25	很高
ASSET_11：Windows 更新服务器	3	THREAT—13	维护错误或操作失误	2	VULN_37	安装与维护软之管理	3	11	低
ASSET_12：病毒服务器	3	THREAT—14	系统负载过载	1	VULN_38	未制定并发网络访问控制策略	3	9	低

2. 其他资产风险分析

利用得到的资产识别、威胁识别和脆弱性识别结果，根据风险分析原理，评估得到本系统的其他资产风险如表 5-36 所示。

表 5-36　其他资产风险分析表

资产 ID 与名称	资产等级	威胁 ID	威胁名称	威胁发生可能性	脆弱性 ID	脆弱性名称	脆弱性严重程度
ASSET_13：人员档案	3	THREAT—05	未授权访问资源	4	VULN_39	访问控制策略脆弱	4
		THREAT—05	滥用权限	3	VULN_40	信息资产分类脆弱性	3

资产 ID 与名称	资产等级	威胁 ID	威胁名称	威胁发生可能性	脆弱性 ID	脆弱性名称	脆弱性严重程度
ASSET_16：安全管理制度	3	THREAT－04	物理环境威胁	1	VULN_42	机房安全管理控制脆弱性	4
		THREAT－10	电源中断	1	VULN_41	供电系统情况脆弱性	4
ASSET_17：备份制度	3	THREAT－10	电源中断	1	VULN_45	备份制度不健全脆弱点	3
ASSET_18：OA 系统网络管理员	3	THREAT－15	社会工程威胁	3	VULN_46	人员奖惩规则脆弱性	3
		THREAT－15	社会工程威胁	3	VULN_47	人员保密协议脆弱性	4
ASSET_23：总机房	3	THREAT－04	物理环境威胁	2	VULN_48	机房缺少电磁防护	3

其他资产的风险和风险等级计算过程与硬件资产的计算过程类同，通过风险计算，得到本系统的其他资产风险状况如表 5-37 所示

表 5-37　其他资产风险分析结果表

资产 ID 与名称	资产等级	威胁 ID	威胁名称	威胁发生可能性	脆弱性 ID	脆弱性名称	脆弱性严重程度	风险值	风险等级
ASSET_13：人员档案	3	THREAT－05	未授权访问资源	4	VULN_39	访问控制策略脆弱	4	18	中
		THREAT－05	滥用权限	3	VULN_40	信息资产分类脆弱性	3	13	中
ASSET_16：安全管理制度	3	THREAT－04	物理环境威胁	1	VULN_42	机房安全管理控制脆弱性	4	9	低
		THREAT－10	电源中断	1	VULN_41	供电系统情况脆弱性	4	9	低

资产ID与名称	资产等级	威胁ID	威胁名称	威胁发生可能性	脆弱性ID	脆弱性名称	脆弱性严重程度	风险值	风险等级
ASSET_17: 备份制度	3	THREAT-10	电源中断	1	VULN_45	备份制度不健全脆弱点	3	9	低
ASSET_18: OA系统网络管理员	3	THREAT-15	社会工程威胁	3	VULN_46	人员奖惩规则脆弱性	3	13	中
		THREAT-15	社会工程威胁	3	VULN_47	人员保密协议脆弱性	4	18	中
ASSET_23: 总机房	3	THREAT-04	物理环境威胁	2	VULN_48	机房缺少电磁防护	3	9	低

5.5.3　风险统计与建议

综合风险分析的结果，得到本系统风险的统计表（仅指风险分析阶段所分析的风险）如表 5-38 所示。

表 5-38　资产风险等级统计表

风险项	很高	高	中	低	很低
硬件	3	4	4	5	0
其他	0	0	4	4	0
共计	3	4	8	9	0

由上表可见，本次常青公司 OA 系统风险评估，共发现信息安全风险 24 个，其中很高级别的风险项为 3 个，高级别的风险项为 4 个，中级别的风险项为 8 个，低级别的风险项为 9 个；经分析，确定 24 个风险中，9 个为可以接受风险（低及很低），15 个为不可接受风险（中及以上）。

为消除不可接受的风险，相应的安全建议措施如下：

（1）对 OA 服务器应设置 FTP 访问口令、关闭 SMB 连接及不必要的服务，规避未授权访问和漏洞利用。

（2）关闭防火墙不必要的开放端口、激活关键模块，防止未授权访问。

（3）对 Web 服务器设置 ADMIN_RESTRICTIONS 旗标和管理员口令，防止未授权访问。

（4）对主要的网络设备及时杀毒，规避恶意代码和病毒。

（5）对文档和数据资产进行分类管理，进行合理的访问控制策略，防止非授权访问和权限滥用威胁。

（6）与员工签订保密协议，制定详细的奖惩规则，规避社会工程威胁。

5.6　技能与实训

对学校的多媒体教学系统进行风险评估。

简要分析：对于多媒体教学系统，其安全需求主要表现为系统的可用性，而完整性、机密性安全需求很低，通常不会涉及到。风险评估的目的是通过分析系统面临的影响系统可用性的安全风险，并选取相应的安全措施降低风险。

学习单元 6 信息安全策略制定与推行实务

【学习情境 2】常青公司信息安全策略制定与推行

本单元以常青公司信息安全策略制定案例为载体，构建了相应的学习情境。情境中对信息安全策略制定的过程展开了具体的说明，并提供了部分信息安全策略模板供参考。

【学习目的与要求】

初步掌握信息安全策略制定与推行能力。

6.1 步骤一：企业信息安全现状与需求分析

6.1.1 企业信息安全现状分析

在制定一个企业的信息安全策略之前，有一个重要的步骤，就是需要对企业信息安全现状与需求做全面了解。就像医生给病人开药方一样，需要对病人的身体状况有一个全面的了解。全面的体检能够准确反映出一个人的身体状况，全面而系统的风险评估是掌握一个企业信息安全现状最佳的方法。风险评估的方法和流程在本书之前的学习单元中已有详细说明，需要在完整地识别企业所有信息资产的前提下，按照风险评估的方法和流程进行。

本学习单元将继续使用常青公司的案例，从全面的风险评估结果入手，依照 ISO27002 的体系框架，从安全方针及策略、组织信息安全、信息资产管理、人力资源安全、物理和环境安全、通信和操作管理、访问控制、信息系统的获取开发和维护、信息安全事故管理、业务连续性管理、符合性 11 个方面，分析常青公司信息安全的现状。具体如下：

1. 安全方针及策略

(1) 已经制作了部分信息安全方面的文档，包括信息安全方针的描述、信息安全组织体系等，有部分文档基础和较强信息安全意识。

(2)"业务持续性管理"、"物理与环境安全"制度/流程比较全面，涉及各个重要的方面。

（3）《服务管理体系文件及记录管理规范》和《安全管理制度维护指南》中有关于策略、制度、流程等文件的管理。

2．组织信息安全

（1）《IT 安全管理规范》提出了信息安全组织体系、各部门安全职责等。

（2）目前运维部内部各部门之间的合作比较流畅。

（3）《IT 安全管理规范》中规定了相关岗位的信息安全职责。

（4）与相关上级监管机构有比较紧密的联系。

（5）已经和一些科研院所、国家测评中心建立了相应的联系与合作。

3．信息资产管理

（1）维护了详细的资产列表，同时为资产指定了负责人，信息资产清单中服务器和网络设备的信息很全面。

（2）对信息系统相关资产的使用和处理有一定的规定和流程，如系统组文档管理规范、低值易耗品管理办法、固定资产管理办法、无形资产管理办法、数据库操作管理规定等。

4．人力资源安全

（1）人力资源会按照相关的流程进行一定的背景审核。

（2）目前大部分员工都有较强的信息安全意识。

（3）在管理制度中规定雇佣前能够对员工进行一定的培训和教育。

（4）在管理制度中规定在雇佣终结或岗位变更有相应的流程来处理责任终结、资产归还、访问权限移除等方面的工作。

5．物理和环境安全

（1）机房和办公区域都有门禁系统和出入控制。

（2）机房的建设依据了相关标准，防火、防水、温湿度控制、电源保障等方面做的很完善。

（3）机房内机架之间有足够的空间，各种线缆条理清晰。

6．通信和操作管理

（1）对变更流程、变更分类等做了比较详细的说明。

（2）系统规划中有足够的容量满足未来一定时间内的要求。

（3）在网络控制方面已安装防火墙和入侵检测系统，采取了防病毒、VLAN 控制等措施。

（4）有比较完善的服务级别管理，其中包括服务级别管理流程、IT 服务目录、服务级别协议等。

7．访问控制

（1）访问控制比较严格，接入层、核心层交换机上都安装有防火墙模块，对不同的区域进行隔离。

(2) 对于权限分配有统一的要求和控制，系统及网络设备的管理员密码有相关负责人掌握，关键系统及网络设备的口令每三个月更改一次，非关键系统及网络设备口令半年更改一次。

(3) 口令的使用有明确要求位数和组成的要求，有定期修改的规定。

(4) 常青公司提供的相关网络服务由公司统一规划和管理。

(5) 四个出口做了动态路由，能够完成自动切换。

8. 信息系统的获取开发和维护

相关维护人员对日常维护工作很熟练，但维护操作没有文件化，当人员岗位变动后，可能造成影响。

9. 信息安全事故管理

(1) 目前有信息安全事故分类分级，同时有部分信息安全预案，如 F5 负载均衡设备重大故障预案、存储设备重大故障预案、数据库服务器重大故障预案、核心网络设备重大故障预案、互联网出口和灾备骨干线路重大故障预案等。

(2) 目前运维部基本上能够学习信息安全事故中的教训，避免相似的事件再次发生。

10. 业务连续性管理

(1) 目前常青公司有比较完善的持续性管理策略和制度，包括业务影响性分析、风险分析、应急响应计划、灾难恢复计划书、演练方案等。

(2) 目前每年实施一次桌面演练和灾难恢复演练，所有演练及审查均留下记录并列入保密级文档加以管控。

11. 符合性

(1) 在技术标准的符合性方面做得比较好，会定期进行技术方面的测试和检查。

(2) 对知识产权、个人隐私和组织记录等方面的数据保护有一定的措施和安全意识。

6.1.2 企业信息安全需求

根据企业信息安全现状，本小节将从 ISO27002 标准的 11 个方面提出常青公司需要加强的内容：

1. 安全方针及策略

(1) 自己没有定义明确的风险管理方法，缺乏适用性声明等高层策略文件。

(2) 除了"业务持续性管理"、"物理与环境安全"两方面制度较全以外，其他几个控制域还需要进行较多工作。

(3) 没有内审和管理评审相关规定。

(4) 在具体的制度中，内容没有很好地流程化，详细程度也不够。

2．组织信息安全

(1) 没有定期的信息安全沟通会议，运维部和其他相关部门的协调需要进一步加强。

(2) 信息处理设施的授权过程没有明确的定义。

(3) 只与部分职员签订了保密协议。

3．信息资产管理

资产整体上没有明确的分类，信息数据、文档、人员、服务、软件等没有被列入资产的范围。

4．人力资源安全

(1) 没有明确每个员工的信息安全职责，并在雇用条款和条件中应规定信息安全责任。

(2) 没有建立一个正式的员工违反安全的惩戒规程。

(3) 公司层面没有在策略上明确要求员工应遵循哪些信息安全策略和制度，或者比较明确地归纳出与部门和岗位有关的相关条款。

(4) 有少量的信息安全意识、技能方面的教育和培训，但还不够全面和完善。

5．物理和环境安全

在含有信息数据的资产（如硬盘）报废时没有进行消除数据的工作。

6．通信和操作管理

(1) 目前运维部有部分日常操作流程，还需要进一步丰富和细化。

(2) 基本上能对第三方服务的变更加以管理，但可能没有对相关的风险进行重新评估，而且没有明确的流程或规范来进行规定。

(3) 可移动存储介质的管理和处置还需要细化和充实。

(4) 日志记录比较散，没有设置日志服务器，也没有严格地定期对日志进行审计。

(5) 没有建立用于时钟同步的服务器。

7．访问控制

(1) 办公网内划分了不同的 VLAN，但没有做 VLAN 间的访问控制措施。

(2) 没有做到定期对使用者的权限进行审核。

(3) 测试区的无线接入没有启用认证措施，直接可接入而且 IP 地址 DCHP 分配。

(4) 没有相应的流程制度来规范员工在办公区域外工作的相关安全要求，

如出差等情况。

8. 信息系统的获取开发和维护

将相关维护流程、工作尽量文件化、流程化。

9. 信息安全事故管理

(1) 还需要进一步扩充预案的包含内容，如 DDOS 攻击预案、网页被篡改预案等。

(2) 没有完善的流程来指导脆弱性报告相关的上传下达的过程和方法。

10. 业务连续性管理

在业务连续性管理的所有过程中应将安全方面的需求考虑得更全面一些。

11. 符合性

(1) 目前没有策略、职责来进行法律、法规和标准等外部相关要求的识别。

(2) 在信息安全管理方面目前没有审核方面的规划和风险控制。

通过上述的信息安全现状与需求分析，为保证企业的信息、资产安全，使安全工作走向制度化，在接下来的章节中，将参照 ISO27002 的 11 个方面制定具体的信息安全策略。

6.2　步骤二：信息安全策略制定

6.2.1　信息安全目标与方针

确定信息安全目标与方针有助于确保信息安全管理体系的有效实施，我们根据信息安全方针制定信息安全目标，规定信息安全目标的计算方法，实现对信息安全目标达成情况的考核，进一步推动信息安全策略的有效实行。

(1) 目标一：系统可用性。

系统可用性是指保证业务系统正常运行，避免各种非故意的错误与损坏。一般包括几个方面：

● 动力环境的可用性：确保电源、空调等动力环境 7×24 小时不间断，不可抗因素和计划安排的除外。

● 网络的可用性：确保网络 7×24 小时不间断运行，不可抗因素和计划安排的除外。

● 系统的可用性：确保系统 7×24 小时不间断运行，不可抗因素和计划安排的除外。

(2) 目标二：减少信息泄密次数。

保证各种需要保密的资料（包括电子文档、磁带等）不被泄密，确保绝密、机密信息不泄露给非授权人员。

（3）目标三：数据收集、提供、统计和分析。

● 信息泄密次数由各部门向信息安全部提供数据，由信息安全部统计。

● 动力环境/系统/关键网络设备故障停机率，由信息安全部负责收集并统计。

● 在每年年底前，由信息安全部汇总。

● 对于未达成信息安全目标的，相关部门要进行原因分析，并提交跟踪报告和改进计划。

每个控制域策略的主要内容：

（1）安全目标与方针及策略：为信息安全提供管理指导和支持，并与业务要求和相关的法律法规保持一致。

（2）安全组织策略：在公司内部管理信息安全，保持可被外部组织访问、处理、沟通或管理的公司信息及信息处理设备的安全。

（3）资产管理策略：通过及时更新的信息资产目录对公司信息资产进行适当的保护。

（4）人力资源安全策略：确保所有的员工、合同方和第三方用户了解信息安全威胁和相关事宜，明确并履行信息安全责任和义务，并在日常工作中支持公司的信息安全方针，减少人为错误的风险，减少盗窃、滥用或设施误用的风险。

（5）物理环境安全策略：防止对公司工作场所和信息的非法访问、破坏和干扰。

（6）通信操作安全策略：确保公司信息处理设施的正确和安全操作。

（7）访问控制策略：控制对公司所有信息的访问行为。

（8）信息系统的获取、开发和维护策略：确保安全始终成为信息系统在不同生命周期之中的一部分。

（9）信息安全事件管理策略：确保与信息系统有关的安全事件和弱点的报告，以便及时采取纠正措施。

（10）业务连续性管理策略：防止业务活动中断，保证重要业务流程不受重大故障和灾难的影响，并确保它们的及时恢复。

（11）符合性管理策略：避免违反法律、法规、规章、合同要求和其他安全要求。

6.2.2　信息安全组织策略

通过建立与信息安全组织相关的安全策略，帮助常青公司建立合理的信息安全管理组织结构与功能，以协调、监控安全目标的实现。与信息安全组织有关的策略分内部组织和外部组织两部分来描述，具体如表 6-1 和表 6-2 所示。

表 6-1 策略 1：建立信息安全管理架构

发布部门	信息安全部	生效时间	2010 年 10 月 13 日
批准人	CIO	编号	ISMS 02－01
介绍	制定这个策略是为了让每个员工都知晓整个公司的信息安全管理架构，明确相关人员在信息安全管理架构中的角色和责任		
目标	明确信息安全管理架构，有效地管理信息安全		
适用范围	该策略平等地适用于公司各部门		
信息安全管理策略	以下行为是策略所要求的： 建立专门的信息安全组织体系，以管理信息安全事务，指导信息安全实践； 启动和控制信息安全工作的实施，批准信息安全方针、确定安全工作分工和相应人员，以及协调和评审整个信息安全工作的实施； 建立专家建议库，在信息安全部门内使用； 建立与外部安全专家或组织（包括相关权威人士）的联系，以便跟踪行业趋势、各类标准和评估方法； 处理信息安全事故时，提供合适的联系人和联系方式，以快速及时地对安全事件进行响应； 采用多学科方法来解决信息安全问题		
惩罚	违背这个策略，根据情节轻重处以罚款、降级、开除等处罚，违背法律法规的诉诸法律程序追究法律责任		
引用标准	ISO 27002		

表 6-2 策略 2：管理外部组织对信息资产的访问

发布部门	信息安全部	生效时间	2010 年 10 月 13 日
批准人	CIO	编号	ISMS 02－02
介绍	制定这个策略是为了让每个员工都知晓，当外部组织需要对公司内部信息资产进行访问时，所需采取的安全控制		
目标	确保被外部组织访问的信息资产得到了安全保护		
适用范围	该策略平等地适用于可能对公司信息资产进行访问的所有外部人员		
信息安全管理策略	以下行为是策略所要求的： 针对外部组织访问进行风险识别和评估； 任何外部各方对公司信息处理设施的访问、对信息资产的处理和通信，都应采取有效的措施进行安全控制 以下行为是策略所禁止的： 不得随意允许外部组织接入公司内部信息系统或访问内部信息资产； 不得由于客户、第三方的访问或引入外部各方的产品或服务降低公司内部信息资产的安全性		
惩罚	违背这个策略，根据情节轻重处以罚款、降级、开除等处罚，违背法律法规的诉诸法律程序追究法律责任		
引用标准	ISO 27002		

6.2.3　资产管理策略

要有效地控制安全风险，首先要识别信息资产，并进行科学而有效的分类，然后在各个管理层面对资产落实责任，采用恰当的控制措施对信息资产进行风险管理，通过表 6-3 和表 6-4 所示的两个策略实施对信息资产的有效管理。

表 6-3　策略 3：为信息资产建立问责制

发布部门	信息安全部	生效时间	2010 年 10 月 13 日
批准人	CIO	编号	ISMS 03－01
介绍	制定这个策略是为了让每个员工都知晓，个人所有、使用或管理的公司信息资产需承担起适当保护责任		
目标	对公司信息资产建立责任，为实施适当保护奠定基础		
适用范围	该策略平等地适用于公司每个所有、使用或管理公司信息资产的员工		
信息安全管理策略	以下行为是策略所要求的： 对所有信息资产进行识别、建立资产清单和使用规则； 明确定义信息资产责任人及其职责，为信息资产建立问责制； 具体的管理者承担对信息资产的安全控制； 所有者和使用者仍对资产承担适当保护的责任		
惩罚	违背这个策略，根据情节轻重处以罚款、降级、开除等处罚，违背法律法规的诉诸法律程序追究法律责任		
引用标准	ISO 27002		

表 6-4　策略 4：对信息资产进行分类

发布部门	信息安全部	生效时间	2010 年 10 月 13 日
批准人	CIO	编号	ISMS 03－02
介绍	制定这个策略是为了让每个员工都明确，个人所有、使用、管理的公司信息资产根据分类的不同，所需承担的保护责任、方式和程度也不同		
目标	通过对信息资产的分类，明确不同分类的信息资产可以得到不同程度的适当保护		
适用范围	该策略平等地适用于公司每个所有、使用或管理公司信息资产的员工		
信息安全管理策略	以下行为是策略所要求的： 按照信息资产的价值，对敏感程度和关键程度进行分类和标识； 根据信息资产共享或限制可能对业务需求以及相关业务的影响对信息资产进行分类及相关保护控制； 确定资产的类别，进行必要的标识，对其进行周期性评审，确保其与公司内外环境的变化相适应； 信息资产分类应从机密性、完整性、可用性及业务相关性四方面进行评估，其保护级别也根据这四个方面得出		
惩罚	违背这个策略，根据情节轻重处以罚款、降级、开除等处罚，违背法律法规的诉诸法律程序追究法律责任		
引用标准	ISO 27002		

6.2.4 人力资源安全策略

通过建立四个具体策略（如表 6-5～表 6-8 所示），以明确公司内与人员聘用相关的安全控制，以便对人力资源进行有效的安全管理，包括内部员工及与公司相关的外部人员的聘用前、聘用中、聘用后相关的安全职责、行为规范。

表 6-5　策略 5：人员聘用前的管理

发布部门	信息安全部	生效时间	2010 年 10 月 13 日
批准人	CIO	编号	ISMS 04－01
介绍	人员聘用前的管理策略的制定，是为了明确人力资源部门在对人员正式聘用前，需注意的相关事项		
目标	在对人员正式聘用前，要明确新员工、合同方人员和第三方与其岗位角色相匹配的安全责任，并进行相关背景调查，以减少对信息资产非授权使用和滥用的风险		
适用范围	该策略平等地适用于公司每个员工		
信息安全管理策略	以下行为是策略所要求的： 确保人员的安全职责已在聘用前通过适当的协议及岗位说明书加以明确说明； 对新员工、合同方人员的有关背景进行验证检查； 对第三方的访问权限加以明确声明和严格管理； 员工、合同方人员和信息处理设施的第三方人员根据其安全角色和职责，要签署相关协议，以明确声明其对信息安全的职责		
惩罚	违背这个策略，根据情节轻重处以罚款、降级、开除等处罚，违背法律法规的诉诸法律程序追究法律责任		
引用标准	ISO 27002		

表 6-6　策略 6：人员聘用中的管理

发布部门	信息安全部	生效时间	2010 年 10 月 13 日
批准人	CIO	编号	ISMS 04－02
介绍	人员聘用中的管理策略的制定，是为了明确人力资源部门在对人员正式聘用后，需注意的相关事项		
目标	落实信息安全管理职责，确保所有员工在整个聘用期内的行为都符合公司信息安全政策的要求		
适用范围	该策略平等地适用于公司每个员工		
信息安全管理策略	以下行为是策略所要求的： 建立管理职责、必要的培训和奖惩措施； 确保所有的员工、合同方人员和第三方人员了解工作中面临的信息安全风险、相关责任和义务； 在日常工作中遵循公司的信息安全政策的要求		
惩罚	违背这个策略，根据情节轻重处以罚款、降级、开除等处罚，违背法律法规的诉诸法律程序追究法律责任		
引用标准	ISO 27002		

表 6-7　策略 7：聘用的中止与变更

发布部门	信息安全部	生效时间	2010 年 10 月 13 日
批准人	CIO	编号	ISMS 04－03
介绍	人员聘用中止的管理策略的制定，是为了明确人力资源部门在对人员聘用关系中止后，需注意的相关事项		
目标	当聘用关系中止或职责发生变化时，要建立规范的程序，确保冻结或取消员工、合同方人员和第三方人员所拥有的、与其目前职责不相符的对公司信息资产的使用权		
适用范围	该策略平等地适用于公司每个员工		
信息安全管理策略	以下行为是策略所要求的： 离职的员工、合同方人员和第三方人员要归还其所使用的设备； 删除其对公司相关信息及信息系统的所有使用权； 对于职责发生变化的员工、合同方人员和第三方人员，按照“最小授权”原则，要对其所拥有的信息资产访问权做相应的变更； 当资产的访问权和使用权发生变更及公司人员发生变化时，要及时通知各相关方		
惩罚	违背这个策略，根据情节轻重处以罚款、降级、开除等处罚，违背法律法规的诉诸法律程序追究法律责任		
引用标准	ISO 27002		

表 6-8　策略 8：安全培训与教育

发布部门	信息安全部	生效时间	2010 年 10 月 13 日
批准人	CIO	编号	ISMS 04－04
介绍	安全培训与教育策略的制定，是为了明确人力资源部门对公司员工在安全教育培训方面，需注意的工作事项		
目标	将培训、教育与考核的方式相结合，帮助员工建立强烈的安全意识，并真正落实在日常的工作中		
适用范围	该策略平等地适用于公司每个员工		
信息安全管理策略	以下行为是策略所要求的： 不定期对各级系统相关安全工作人员进行安全知识和安全意识培训； 每年组织一次对从事关键业务的人员的全面考核；对违规人员视情节轻重进行批评、教育、调离工作岗位		
惩罚	违背这个策略，根据情节轻重处以罚款、降级、开除等处罚，违背法律法规的诉诸法律程序追究法律责任		
引用标准	ISO 27002		

6.2.5 物理与环境安全策略

通过制定两个策略（如表 6-9 和表 6-10 所示）保护常青公司的信息、信息系统和基础设施等免受非法的物理访问、自然灾害和环境危害。

表 6-9　策略 9：建立物理安全区域

发布部门	信息安全部	生效时间	2010 年 10 月 13 日
批准人	CIO	编号	ISMS 05－01
介绍	通过建立物理安全区域，为重要的工作区域、公共访问区、货物交接区的安全工作建立规范与指南		
目标	防止对公司的工作场所和信息的非授权物理访问、损坏和干扰		
适用范围	该策略适用于公司对信息设备的管理		
术语定义	略		
信息安全管理策略	以下行为是策略所要求的： 在公司边界和信息处理设施周围设置一个或多个物理屏障来实现对安全区域的物理保护； 重要的或敏感的信息处理设施要放置在安全区域内，建立适当的安全屏障和入口控制，在物理上避免非授权访问、干扰； 要建立必要的措施防止自然灾害和人为破坏造成的损失		
惩罚	违背这个策略，根据情节轻重处以罚款、降级、开除等处罚，违背法律法规的诉诸法律程序追究法律责任		
引用标准	ISO 27002		

表 6-10　策略 10：保证设备安全

发布部门	信息安全部	生效时间	2010 年 10 月 13 日
批准人	CIO	编号	ISMS 05－02
介绍	通过设备安全保障策略，为重要的信息系统设备的安全保障工作建立规范与指南		
目标	保护设备免受物理的和环境的威胁		
适用范围	该策略适用于公司对信息设备的管理		
信息安全管理策略	以下行为是策略所要求的： 对设备（包括离开公司使用和财产移动）的保护可有效减少未授权访问信息的风险和防止丢失或损坏； 充分考虑设备安放位置和报废处置方法的安全性； 采用专门的控制用来防止物理威胁以及保护支持性设施（例如电、供水、排污、加热/通风和空调）； 考虑采取措施保证电源布缆和通信布缆免受窃听或损坏		
惩罚	违背这个策略，根据情节轻重处以罚款、降级、开除等处罚，违背法律法规的诉诸法律程序追究法律责任		
引用标准	ISO 27002		

6.2.6　通信与操作管理策略

通过建立 7 个策略（如表 6-11～表 6-17 所示），确保常青公司对通信和操作过程进行有效的安全管理，通过促进相关部门建立信息处理设施的管理职责，开发适当的操作和事故处理程序，以降低非授权使用和滥用系统的风险，总体目标是确保员工能正确、安全地操作信息处理设施。

表 6-11　策略 11：建立操作职责和程序

发布部门	信息安全部	生效时间	2010 年 10 月 13 日
批准人	CIO	编号	ISMS 06－01
介绍	操作职责和程序的建立策略旨在为所有的信息处理设施建立必要的管理和操作的职责及程序		
目标	确保正确、安全地操作信息处理设施		
适用范围	该策略适用于公司对信息设备的管理		
信息安全管理策略	以下行为是策略所要求的： 为所有与信息处理和通信设施相关的系统活动建立起相应的文件程序，例如计算机启动和关机程序、备份、设备维护、介质处理、计算机机房、邮件处置管理和物理安全等； 对信息处理设施和系统的变更需加以控制； 需进行责任分割，以减少疏忽或故意误用系统的风险； 需分离开发、测试和运行设施，以减少意外变更或未授权访问运行软件和业务数据的风险		
惩罚	违背这个策略，根据情节轻重处以罚款、降级、开除等处罚，违背法律法规的诉诸法律程序追究法律责任		
引用标准	ISO 27002		

表 6-12　策略 12：管理第三方服务

发布部门	信息安全部	生效时间	2010 年 10 月 13 日
批准人	CIO	编号	ISMS 06－02
介绍	在第三方服务的管理是指对涉及第三方服务的项目中，采取有效的管理措施确保第三方所进行的活动的安全性		
目标	在符合双方商定的协议下，保证第三方在实施服务过程中，保持信息安全和服务交付的适当水平		
适用范围	该策略适用于公司对第三方服务提供商的管理		
信息安全管理策略	以下行为是策略所要求的： 第三方交付的服务应包括商定的安全计划、服务定义和服务管理各方面； 应当定期监督、检查和审核第三方提供的服务、报告和记录，对服务变更进行有效管理； 应确保第三方保持足够的服务能力和可用性计划，以确保商定的服务在大的服务故障或灾难后继续得以保持		
惩罚	违背这个策略，根据情节轻重处以罚款、降级、开除等处罚，违背法律法规的诉诸法律程序追究法律责任		
引用标准	ISO 27002		

表 6-13　策略 13：防范恶意和移动代码

发布部门	信息安全部	生效时间	2010 年 10 月 13 日
批准人	CIO	编号	ISMS 06－03
介绍	防范恶意和移动代码是指采取预防措施，以防范和检测恶意代码和未授权的移动代码引入到公司的信息处理设施中来		
目标	保护软件和信息的完整性		
适用范围	该策略适用于公司对信息设备的管理		
信息安全管理策略	以下行为是策略所要求的： 软件和信息处理设施易感染恶意代码（例如计算机病毒、网络蠕虫、特洛伊木马和逻辑炸弹），缺乏控制的移动代码也可能引入风险。要让员工了解恶意代码的危险。 管理人员要实施适当的控制措施，以防范、检测并删除恶意代码，并控制移动代码的使用应做到以下几点： 1. 防病毒体系建立 （1）采用国家许可的正版防病毒软件，保证防病毒厂商的长期有效支持。 （2）所有 Windows 服务器和终端应安装防病毒软件。 （3）部署统一的病毒服务器。 （4）应启用防病毒软件的自动更新和实时检测功能。 2. 防病毒日常管理 （1）设备管理。 ①全体员工均参与计算机病毒防范工作，每位员工负责自己使用的办公设备和维护的服务器的防病毒工作。 ②新入网和临时入网的设备必须先安装好防病毒软件，方可接入网络或使用数据资源。 ③重要的计算机要做到专人专用专管，避免交叉使用。 （2）操作管理。 ① 禁止运行未经审核批准的软件。 ② 所有拷贝数据的存储介质在使用前均需进行病毒检测。 ③ 经远程通信传送的程序或数据（如网络下载等），必须经过检测确认无病毒后方可使用。 ④对于电子邮件附件所带的程序和文档，不得直接运行或打开，应在运行或打开之前先存盘，并进行计算机病毒的检测和清除后，再打开或运行。 ⑤禁止进行任何计算机病毒的制作和故意传播。 （3）检查分析。 ①及时检查防病毒软件以及病毒库的升级更新情况，病毒库的升级频率应不低于每周 1 次。重大安全漏洞发布后，应在 1 个工作日内完成病毒库的升级更新。 ②定期对负责范围内的办公设备和服务器进行计算机病毒的检测和清除，频率不低于每月 1 次		
惩罚	违背这个策略，根据情节轻重处以罚款、降级、开除等处罚，违背法律法规的诉诸法律程序追究法律责任		
引用标准	ISO 27002		

表 6-14 策略 14：备份

发布部门	信息安全部	生效时间	2010 年 10 月 13 日
批准人	CIO	编号	ISMS 06－04
介绍	应按照备份策略，定期对公司的重要信息和软件进行备份，并定期进行恢复测试		
目标	保持信息和信息处理设施的完整性及可用性		
适用范围	该策略适用于公司对信息数据的备份管理		
信息安全管理策略	以下行为是策略所要求的： 数据备份应采用性能可靠、不宜损坏的介质，如磁带、光盘等； 备份数据的物理介质注明数据的来源、备份日期、恢复步骤等信息，并置于安全环境保管； 一般情况下对服务器和网络安全设备的配置数据每月进行一次备份，当进行配置修改、系统版本升级、补丁安装等操作前也要进行备份； 网络设备配置文件在进行版本升级前和配置修改后进行备份； 应提供足够的备份设施，以确保所有必要的信息和软件能在灾难或介质故障后进行恢复； 为使备份和恢复过程更容易，备份可安排为自动进行； 各个系统的备份计划应定期测试以确保它们满足业务连续性计划的要求； 对于重要的系统，备份计划应包括在发生灾难时恢复整个系统所需的所有系统信息、应用和数据； 应确定最重要业务信息的保存周期及对要永久保存的档案拷贝的任何要求		
惩罚	违背这个策略，根据情节轻重处以罚款、降级、开除等处罚，违背法律法规的诉诸法律程序追究法律责任		
引用标准	ISO 27002		

表 6-15 策略 15：网络安全管理

发布部门	信息安全部	生效时间	2010 年 10 月 13 日
批准人	CIO	编号	ISMS 06－05
介绍	应对公司的网络进行充分的管理和控制，以防范非法访问网络信息与非授权连接网络服务，保护信息与信息服务的安全		
目标	确保网络中的信息和基础设施得到保护		
适用范围	该策略适用于公司对网络安全的管理		

信息安全 管理策略	以下行为是策略所要求的： 加强网络管理与访问控制，以防范威胁； 确保使用网络的系统和应用程序的安全； 使用加密手段确保信息传输的安全； 员工不能访问非法网站，不得使用 BT、电驴和 P2P 等工具下载资料； 员工不得在上班时间进行网络聊天、玩网络游戏、看网络电影等； 员工连接互联网的计算机，不得存留涉密金融数据信息和办公资料； 员工存有办公资料的介质，不得在接入国际互联网的计算机上使用； 员工不允许提供代理服务，以提供他人使用互联网
惩罚	违背这个策略，根据情节轻重处以罚款、降级、开除等处罚，违背法律 法规的诉诸法律程序追究法律责任
引用标准	ISO 27002

表 6-16　策略 16：对存储介质的处理

发布部门	信息安全部	生效时间	2010 年 10 月 13 日
批准人	CIO	编号	ISMS 06－06
介绍	公司应当对存储介质的使用、移动、保管及处置等操作进行有效管理		
目标	防止由于对存储介质管理不当，造成未授权泄露、修改、移动或损坏， 并对业务活动造成不利影响		
适用范围	该策略适用于公司对存储介质的管理		
信息安全 管理策略	存储介质包括硬盘、磁带、闪盘、可移动硬件驱动器、CD、DVD 和打 印的介质； 移动存储介质需要定期的查杀病毒，保障移动介质不会传播病毒和恶意 代码； 移动存储介质禁止在外部不受保护的环境中被使用； 移动存储介质中的信息被使用完成后应立即清除； 移动存储介质应保存在安全的环境中； 重要移动存储介质中的数据和软件采取加密存储，并根据所承载数据和 软件的重要程度对介质进行分类和标识管理		
惩罚	违背这个策略，根据情节轻重处以罚款、降级、开除等处罚，违背法律 法规的诉诸法律程序追究法律责任		
引用标准	ISO 27002		

表 6-17　策略 17：系统监测

发布部门	信息安全部	生效时间	2010 年 10 月 13 日
批准人	CIO	编号	ISMS 06－07
介绍	建立监测信息处理系统使用的策略与程序，定期评审监测活动的结果		
目标	检测未经授权的信息处理活动		
适用范围	该策略适用于公司对信息系统的监测		
信息安全管理策略	应对信息系统进行监测，记录信息安全事件，并使用操作员日志和故障日志以确保识别出信息系统的问题； 通过系统操作日志、错误日志记录系统操作者的活动和系统出现错误的情况，以监测安全事件； 公司的监测和日志记录活动应遵守所有相关法律的要求，并要防止对日志的非授权变更和删除		
惩罚	违背这个策略，根据情节轻重处以罚款、降级、开除等处罚，违背法律法规的诉诸法律程序追究法律责任		
引用标准	ISO 27002		

6.2.7　访问控制策略

访问控制是对主体访问客体的权限或能力的一种限制，分为物理访问控制和逻辑访问控制。物理访问控制在 6.2.5 节中已有涉及，这里的访问控制主要是指逻辑访问控制。在网络广泛互联的今天，采用技术与管理手段建立逻辑访问控制已是保障信息安全的重要手段，通过建立 7 个策略（如表6-18～表 6-24 所示），以推动公司对访问控制的有效安全管理。

表 6-18　策略 18：用户访问管理

发布部门	信息安全部	生效时间	2010 年 10 月 13 日
批准人	CIO	编号	ISMS 07－01
介绍	建立正式的程序，来控制对信息系统和服务的用户访问权的分配		
目标	确保只有授权用户才能访问系统，预防对信息系统的非授权访问		
适用范围	该策略适用于公司对信息设备的管理		
信息安全管理策略	访问控制程序应涵盖用户访问生命周期内的各个阶段，从新用户初始注册、日常使用，到不再需要访问信息系统和服务时用户账号的最终撤销； 应特别注意对特殊访问权的分配加以控制，因为特权用户可以修改或绕过系统的控制措施		
惩罚	违背这个策略，根据情节轻重处以罚款、降级、开除等处罚，违背法律法规的诉诸法律程序追究法律责任		
引用标准	ISO 27002		

表 6-19　策略 19：网络访问控制

发布部门	信息安全部	生效时间	2010 年 10 月 13 日
批准人	CIO	编号	ISMS 07－02
介绍	与网络服务的未授权和不安全连接可以影响整个公司。对于到敏感或关键业务应用的网络连接或与高风险位置的用户的网络连接而言，要采取严格的控制措施		
目标	防止对网络服务的非授权访问		
适用范围	该策略适用于公司对网络安全的管理		
信息安全管理策略	将网络分成独立的逻辑网络域，将网络隔离成若干域的准则应基于风险评估和每个域内的不同访问控制策略和访问要求，还要考虑到相关成本和加入适合的网络路由或网关技术的性能影响； 由于无线网的边界很难定义，非授权访问的风险较高，公司应特别加强对无线网的管理，需要考虑限制使用无线网，或将无线网与内部和专用网络进行隔离； 对内部和外部网络服务的访问均应加以控制，以确保公司内部与外部网络之间的接口进行有效的控制或隔离； 对网络环境中用户和设备身份应用了合适的鉴别机制； 用户对公司信息服务的访问应根据控制规则和业务要求进行限制		
惩罚	违背这个策略，根据情节轻重处以罚款、降级、开除等处罚，违背法律法规的诉诸法律程序追究法律责任		
引用标准	ISO 27002		

表 6-20　策略 20：操作系统访问控制

发布部门	信息安全部	生效时间	2010 年 10 月 13 日
批准人	CIO	编号	ISMS 07－03
介绍	公司应当尽量启用操作系统提供的访问控制功能，来防止对操作系统的非授权访问		
目标	防止对操作系统的非授权访问		
适用范围	该策略适用于公司所有信息系统		
信息安全管理策略	应启用安全措施限制授权用户对操作系统的访问，这些措施包括但不限于： 按照已定义的访问控制策略鉴别授权用户； 记录成功和失败的系统鉴别企图； 记录专用系统特殊权限的使用； 当违反系统安全策略时发布警报； 提供合适的身份鉴别手段； 必要时，限制用户的连接次数		
惩罚	违背这个策略，根据情节轻重处以罚款、降级、开除等处罚，违背法律法规的诉诸法律程序追究法律责任		
引用标准	ISO 27002		

表 6-21　策略 21：应用系统和信息访问控制

发布部门	信息安全部	生效时间	2010 年 10 月 13 日
批准人	CIO	编号	ISMS 07－04
介绍	应根据规定的访问控制策略，限制用户和支持人员对信息和应用系统功能的访问		
目标	防止对应用系统和信息的非授权访问		
适用范围	该策略适用于公司所有信息系统		
信息安全管理策略	对应用软件和信息的逻辑访问只限于已授权的用户，应用系统的措施包括但不限于： 按照定义的访问控制策略，控制用户访问信息和应用系统功能； 防止能够越过系统控制或应用控制的任何实用程序、操作系统软件和恶意软件进行未授权访问； 不损坏共享信息资源的其他系统的安全； 对敏感应用系统，可以考虑在独立的计算环境中运行		
惩罚	违背这个策略，根据情节轻重处以罚款、降级、开除等处罚，违背法律法规的诉诸法律程序追究法律责任		
引用标准	ISO 27002		

表 6-22　策略 22：移动计算机和远程工作

发布部门	信息安全部	生效时间	2010 年 10 月 13 日
批准人	CIO	编号	ISMS 07－05
介绍	应建立必要的保护措施，以避免非保护的环境中的工作风险		
目标	在使用移动计算和远程工作设施时，确保信息的安全		
适用范围	该策略适用于公司所有员工		
信息安全管理策略	当使用移动计算和通信设施时，如笔记本机、掌上机、膝上机、智能卡和移动电话，应特别小心确保业务信息不被泄露。 移动计算的保护措施有物理保护、访问控制、密码技术、备份和病毒预防的要求。 对远程工作场地的合适保护应到位，以防止偷窃设备和信息、未授权泄露信息、未授权远程访问公司内部系统或滥用设施等		
惩罚	违背这个策略，根据情节轻重处以罚款、降级、开除等处罚，违背法律法规的诉诸法律程序追究法律责任		
引用标准	ISO 27002		

信息安全管理实务

表 6-23　策略 23：账号和口令安全

发布部门	信息安全部	生效时间	2010 年 10 月 13 日
批准人	CIO	编号	ISMS 07－06
介绍	该策略明确规定了信息系统账号和口令的相关要求		
目标	加强信息系统账号和口令管理		
适用范围	该策略适用于公司所有员工和所有信息系统		
信息安全 管理策略	1. 账户分类 （1）账户依其重要程度分为重要账户和普通账户。具有各信息系统及相关设备的最高管理权限的账户为重要账户，如操作系统管理员账户、数据库管理员账户等。 （2）账户依其生存周期分为永久账户和临时账户。临时账户应严格按照其生存周期进行管理，到期注销。 2. 账户授权 （1）信息系统重要账户必须由部门负责人授权批准才能开通。 （2）所有账户使用唯一的用户 ID，保护用户的操作行为与用户本人身份唯一对应，便于对用户行为的审计以及追溯。 （3）检查系统所赋予用户的访问权限是否与业务目标匹配，防止出现过度授权现象。 （4）维护一份完整的系统应用授权明晰文档，并做到及时更新。 3. 账户注销 （1）用户如果因职责变动而离岗，不再需要系统权限且无须将账户移交给其他责任人，其原岗位负责人申请销户，由管理员取消该账户的所有权限。 （2）账户取消的同时，将账户对应的应用系统和服务的权限同时注销，保证该账户对应用系统的访问企图失效。 （3）用户离职后，管理员关闭用户账户在系统中的所有权限。 4. 口令创建原则 （1）账户的口令必须是具有足够的长度和复杂度，使口令难以被猜测。 （2）账户的口令必须是在必要时间或次数（最少 5 次）内不循环使用。 （3）账户的口令不应当取有意义的词语或其他符号，如使用者的姓名、生日或其他易于猜测的信息。 （4）口令最低标准： ①普通账户口令长度不得低于 6 位，口令字符中须包含字母、数字、特殊字符中的至少两类。 ②重要账户口令长度不得低于 8 位，口令中必须包含大、小写字母、数字和特殊字符，且不得为有意义的单词或短语。 5. 口令的创建和保存 （1）账户分配时必须同时生成相应的口令，并且与账户一起传送给用户，不得创建没有口令的账户。 （2）管理员在传递账户和口令时，当采取安全的传输途径，以保证不会被中途截取。 （3）用户在接收到账户和口令后，在第一次登录账户时修改口令。

信息安全 管理策略	（4）对于以口令作为唯一验证证据的账户，如果账户的用户名由确定且公开的规则产生，则口令不应当为公开的口令。 （5）不得将账户口令明文存储在计算机上或写在记事本上。 6. 口令的使用和管理 （1）重要账户口令在 90 天内至少更换一次，对重要设备和系统采用一次性口令方式进行认证，一般账户口令至少在半年内更换一次。 （2）重要口令连续多次尝试登录失败后，暂停该账户登录（可以根据实际情况设置尝试次数，一般为 5 次）。 （3）系统管理员修改账户口令时，应提前（或同时）通知账户使用人，以免影响其正常使用。 （4）各级口令保管落实到人，口令所有人须妥善保存，各级口令不得以任何形式明文存放于可公共访问的设备中。 （5）出现以下情况时相关口令必须立即更改并做好记录： ①掌握口令的管理员离开岗位。 ②因工作需要，由管理员以外人员使用账户及口令登录操作后。 ③有迹象表明口令可能被泄露。
惩罚	违背这个策略，根据情节轻重处以罚款、降级、开除等处罚，违背法律法规的诉诸法律程序追究法律责任
引用标准	ISO 27002

表 6-24　策略 24：电子邮件安全

发布部门	信息安全部	生效时间	2010 年 10 月 13 日
批准人	CIO	编号	ISMS 07－07
介绍	该策略明确规定了使用电子邮件的要求		
目标	加强电子邮件安全管理		
适用范围	该策略适用于公司所有员工		
信息安全 管理策略	（1）电子邮件账户仅限本人使用，不得将其电子邮箱账户、密码转让或出借予他人使用。用户本人对其用户进行的所有活动负法律责任。 （2）任何人不得利用电子邮件制作、复制、发布、传播、存放或提供下载含有下列内容的信息。 ①反对宪法所确定的基本原则的。 ②危害国家安全，泄露国家秘密，颠覆国家政权，破坏国家统一的。 ③损害国家荣誉和利益的。 ④煽动民族仇恨、民族歧视，破坏民族团结的。 ⑤破坏国家宗教政策，宣扬邪教和封建迷信的。 ⑥散布谣言，扰乱社会秩序，破坏社会稳定的。 ⑦散布淫秽、色情、赌博、暴力、凶杀、恐怖或者教唆犯罪的。 ⑧侮辱或者诽谤他人，侵害他人合法权益的。 ⑨有法律、行政法规禁止的其他内容等。		

信息安全管理策略	（3）任何人不得利用电子邮件服务系统进行不利于我公司的行为。任何人不得发送与工作内容无关的邮件。 （4）电子邮件用户在收、发邮件时，注意防范计算机病毒，避免邮件病毒干扰、搅乱公司的网络服务和网络应用。 （5）电子邮件用户需要定期清理过期邮件，以确保本人电子邮箱正常使用。
惩罚	违背这个策略，根据情节轻重处以罚款、降级、开除等处罚，违背法律法规的诉诸法律程序追究法律责任
引用标准	ISO 27002

6.2.8 信息系统获取开发与维护策略

通过制定 5 个安全策略（如表 6-25～表 6-29 所示）旨在确定公司获取、开发、维护信息系统所应遵守的关键控制点。

在信息系统获取和开发过程中就需要加强对信息安全的管理与控制，只有集成在软件开发过程中的安全措施，才能真正起到预防与控制风险的作用，而且在软件开发生命周期中，越早引入控制措施，将来运行与维护费用就越少。

表 6-25　策略 25：确定信息系统的安全需求

发布部门	信息安全部	生效时间	2010 年 10 月 13 日
批准人	CIO	编号	ISMS 08－01
介绍	应用系统的所有安全需求都需要在项目需求分析阶段被确认，并且作为一个信息系统的总体构架的重要组成部分，要得到对其合理性的证明，并获得用户认可，同时要记录在案		
目标	确保将安全作为信息系统建设的重要组成部分		
适用范围	该策略适用于公司所有信息系统		
信息安全管理策略	信息系统安全包括基础架构软件、外购业务应用软件和用户自主开发的软件的安全； 信息系统的安全控制应该在系统开发设计阶段予以实现，要确保安全性已构成信息系统的一部分； 公司应该在信息系统开发前，或在项目开始阶段，识别所有的安全要求，并作为系统设计不可缺少的一部分，进行确认与调整		
惩罚	违背这个策略，根据情节轻重处以罚款、降级、开除等处罚，违背法律法规的诉诸法律程序追究法律责任		
引用标准	ISO 27002		

表 6-26 策略 26：在应用中建立安全需求

发布部门	信息安全部	生效时间	2010 年 10 月 13 日
批准人	CIO	编号	ISMS 08－02
介绍	应当把适当的技术控制措施、查验追踪和活动日志等控制手段设计到应用软件系统中。这些措施应当包括对输入数据、内部处理和输出数据的检验		
目标	避免应用系统在运行过程中发生故障，并防止在应用软件系统中的用户数据的丢失、改动或者滥用		
适用范围	该策略适用于公司所有信息系统		
信息安全管理策略	要确保应用安全做到以下几点： 对各个应用系统上拥有账户的人员、权限以及账户的认证和管理方式做出明确规定，遵循授权管理策略和账户口令策略的相关规定； 禁止非本系统管理人员直接进入主机设备进行操作，若在特殊情况下（如系统维修、升级等）需要外部人员（如厂家技术工程师、非本系统技术工程师、安全管理员等）进入主机设备进行操作时，必须由本系统管理员登录，并对操作全过程进行记录备案。禁止将系统用户账户及口令直接交给外部人员；在紧急情况下需要为外部人员开放临时账户时，遵循授权管理策略及第三方安全策略的有关规定； 各应用系统应定期进行安全检查，尽可能避免应用系统使用 1024 以内的端口以及常见木马、蠕虫使用的端口，若由于特殊情况必须使用某个已知危险的端口，由维护人员根据应用情况在防火墙等访问控制设备上最小化的开放权限（如限制 IP、单向通信限制等），同时要求应用系统主机做好最大化的安全加固工作； 严格控制应用系统内重要文件的许可权和拥有权，重要的数据应当加密存放在主机上，并合理使用信任关系； 及时监视、收集应用系统厂商公布的软件以及补丁更新，要求下载补丁程序的站点必须是相应的官方站点，并对更新软件或补丁进行评测，在获得主管领导的批准下，对生产环境实施软件更新或者补丁安装，安装过程遵循变更管理流程； 各应用系统均有专人进行维护和管理，至少每周一次，对所有应用进行检查，确保各应用都能正常工作，通过各种手段进行监控，发现异常时应立即报告，同时采取适当控制措施，并记录备案； 应用系统软件安装之后，立即进行备份；在后续使用过程中，在应用系统软件的变更以及配置的修改前后，也应立即进行备份工作；确保存储的软件和文档都是最新的，并定期验证备份和恢复策略的有效性		
惩罚	违背这个策略，根据情节轻重处以罚款、降级、开除等处罚，违背法律法规的诉诸法律程序追究法律责任		
引用标准	ISO 27002		

表 6-27　策略 27：实施密码控制

发布部门	信息安全部	生效时间	2010 年 10 月 13 日
批准人	CIO	编号	ISMS 08－03
介绍	对于面临非授权访问威胁的信息，当其他管理措施无法对其进行有效保护时，应当用密码系统和密码技术进行保护		
目标	保护信息的保密性、完整性和有效性		
适用范围	该策略适用于公司所有信息系统		
信息安全管理策略	为防止公司敏感信息的泄露，可以利用加密技术对其再进行处理后再进行存储与传输； 为防止重要信息被篡改或伪造，可以利用加密的办法对信息的完整性进行鉴别； 在应用交互过程中，可以通过加密技术的应用（如数字签名）进行交易双方身份真实性认证，并防止抵赖行为的发生		
惩罚	违背这个策略，根据情节轻重处以罚款、降级、开除等处罚，违背法律法规的诉诸法律程序追究法律责任		
引用标准	ISO 27002		

表 6-28　策略 28：保护系统文件的安全

发布部门	信息安全部	生效时间	2010 年 10 月 13 日
批准人	CIO	编号	ISMS 08－04
介绍	应当维护系统文件中信息的完整性，这是应用程序系统、用户及开发人员的共同责任		
目标	为确保 IT 项目和支持行为以安全的方式进行，应当控制对系统文件的访问		
适用范围	该策略适用于公司所有信息系统		
信息安全管理策略	要确保系统文件的安全应做到以下几点： 在新系统的安装过程中，严格按照实施计划进行，并对每一步实施都进行详细记录，最终形成实施报告； 在新系统安装完成，投入使用前，对所有组件包括设备、服务或应用进行连通性测试、性能测试、安全性测试，并做详细记录，最终形成测试报告； 在新系统安装完成，测试通过，投入使用前，删除测试用户和口令，最小化合法用户的权限，最优化配置，并进行备份； 系统软件安装之后，立即进行备份；在后续使用过程中，在系统软件的变更以及配置的修改之前和之后，也应立即进行备份工作； 对系统的调整（如升级或安装补丁程序）尽量安排在非业务繁忙时段进行，并在升级或修补前后做好数据和软件的备份工作。升级或者安装补丁后重新对系统进行安全设置，并进行系统的安全检查；		

续前表

信息安全 管理策略	禁止服务器系统上开放具有写权限的共享目录，如果确实必要，可临时 开放，但要设置强共享口令，并在使用完之后立刻取消共享； 除专门的公共 FTP 服务器外，禁止在服务器系统上开放匿名 FTP 服务； 禁用不被系统明确使用的服务、协议和设备特性，尽量避免使用不安全 的服务，如 SNMP、RPC、Telnet、Finger、Echo、Chargen、Remote Registry、Time、NIS 等； 严格并且合理地分配服务安装分区或者目录的权限，在条件允许的情况 下尽量将每项服务安装在独立分区； 取消或者修改服务的 banner 信息； 避免让应用服务运行在 root 或者 administrator 权限下； 严格控制重要文件的访问权限和拥有权，重要的数据加密存放在主机 上，并合理使用信任关系； 及时监视、收集操作系统厂商公布的软件以及补丁更新，要求下载补丁 程序的站点必须是相应的官方站点，并对更新软件或补丁进行评测，在 获得主管领导的批准下，对生产环境实施软件更新或者补丁安装，安装 过程遵循变更管理流程； 订阅计算机紧急响应机构的公告和其他专业安全机构提供的安全漏洞信 息的相关资源，及时提醒运维人员任何可能影响系统正常运行的漏洞； 采用多层面、多角度的系统分析方法，由用户和专家对系统的威胁和脆 弱性等方面进行定性综合评价，根据评估风险采取相应的降低风险的 措施； 定期进行安全漏洞扫描和病毒查杀工作，平均频率不低于每月一次，重 大安全漏洞发布后，在 3 个工作日内进行上述工作。为了防止网络安全 扫描以及病毒查杀对网络性能造成影响，根据业务的实际情况对扫描时 间做出规定，一般安排在非业务繁忙时段。发现主机设备上存在病毒、 异常开放的服务或者开放的服务存在安全漏洞时及时报告，并采取相应 措施； 至少每周一次，对所有服务器进行检查，确保各设备都能正常工作；通 过各种手段监控主机系统的 CPU 利用率、进程、内存和启动脚本等使 用情况； 在发现异常系统进程或者系统进程数量异常变化，或者 CPU 利用率、 内存占用量等突然异常时，立即报告，同时采取适当控制措施，并记录 备案； 当主机系统出现以下现象之一时，必须进行安全问题的报告和诊断； 在操作系统上进行远程连接超时设置，超时时长为 2 分钟，即在没有任 何操作的情况下，2 分钟后，系统会自动关闭远程会话连接
惩罚	违背这个策略，根据情节轻重处以罚款、降级、开除等处罚，违背法律 法规的诉诸法律程序追究法律责任
引用标准	ISO 27002

表 6-29 策略 29：保证开发和支持过程的安全

发布部门	信息安全部	生效时间	2010 年 10 月 13 日
批准人	CIO	编号	ISMS 08—05
介绍	应当对项目和支持环境进行严格控制，即对应用系统、操作系统及软件包的更改及软件外包活动进行安全控制		
目标	保证开发和支持过程中的信息安全		
适用范围	该策略适用于公司所有信息系统		
信息安全管理策略	要保证应用系统的安全，需要在软件开发过程中，集成适当的安全控制技术措施，且要在应用系统需求和应用系统设计中，明确表达出来； 信息系统测试人员需要着重检查必要的输入、处理和输出控制措施是否集成在系统中； 在应用系统的开发与维护过程中，需要关注应用程序的未授权修改、未进行评审的操作系统的更改、未加限制的软件包的更改		
惩罚	违背这个策略，根据情节轻重处以罚款、降级、开除等处罚，违背法律法规的诉诸法律程序追究法律责任		
引用标准	ISO 27002		

6.2.9 信息安全事件管理策略

安全事故就是能导致资产丢失与损害的任何事件，为把安全事故的损害降到最低的程度，追踪并从事件中吸取教训，公司应明确有关事故、故障和薄弱点的部门，并根据安全事故与故障的反应过程建立一个报告、反应、评价和惩戒机制。

以下两个策略（如表 6-30 和表 6-31 所示）的建立，将促进公司有效地对信息安全事件进行管理。

表 6-30 策略 30：报告信息安全事故和系统弱点

发布部门	信息安全部	生效时间	2010 年 10 月 13 日
批准人	CIO	编号	ISMS 09—01
介绍	公司应建立有正式的报告信息安全事件和系统弱点的程序，并让所有的员工、合同方人员和第三方人员加以了解和执行		
目标	确保与信息系统有关的安全事件和系统弱点能得到及时报告，以便采取必要的纠正措施		
适用范围	该策略适用于公司所有的业务及所支持的信息系统		
信息安全管理策略	公司通过建立正式的信息安全事件报告程序，在收到信息安全事件和系统弱点报告后，可立即着手采取相应措施对安全事故进行响应； 报告程序应建立报告信息安全事件的联系点，使公司内的每个人都知晓，确保该联系点持续可用，并能提供充分且及时的响应		
惩罚	违背这个策略，根据情节轻重处以罚款、降级、开除等处罚，违背法律法规的诉诸法律程序追究法律责任		
引用标准	ISO 27002		

表 6-31　策略 31：信息安全事故管理和改进

发布部门	信息安全部	生效时间	2010 年 10 月 13 日
批准人	CIO	编号	ISMS 09－02
介绍	明确事故责任，按照规程对事故进行有效处理，建立能够量化和监控信息安全事故的类型、数量、成本的机制		
目标	确保使用持续有效的方法管理信息安全事故		
适用范围	该策略适用于公司所有的业务及所支持的信息系统		
信息安全管理策略	应该应用一个连续性的改进过程，对信息安全事故进行响应、监视、评估和总体管理； 从信息安全事故评估中获取的信息，应该用来识别再发生的事故和重大影响的事故； 如果需要证据的话，则应该搜集证据以满足法律的要求		
惩罚	违背这个策略，根据情节轻重处以罚款、降级、开除等处罚，违背法律法规的诉诸法律程序追究法律责任		
引用标准	ISO 27002		

6.2.10　业务连续性管理策略

制定和实施一个完整的业务持续计划应从理解自身业务开始，进行业务影响分析和风险评估，在此基础上由管理高层形成本企业的业务持续战略方针，然后规划业务持续计划，进行计划的测试与实施，最后进行计划的维护与更新，并通过审计保证计划不断改进和完善。本策略（如表 6-32 所示）的制定旨在促进公司建立业务连续性计划，实现业务连续性管理。

表 6-32　策略 32：建立业务连续性管理程序

发布部门	信息安全部	生效时间	2010 年 10 月 13 日
批准人	CIO	编号	ISMS 10－01
介绍	公司应建立业务连续性管理过程，通过风险评估识别公司的关键业务活动，并实施适当的计划，以恢复与抵消非正常中断的后果。业务连续性计划的范围应包括整个业务过程，不仅仅是 IT 方面的服务		
目标	保护公司的关键业务流程不会因信息系统重大失效或自然灾害的影响而造成中断		
适用范围	该策略适用于公司所有的业务及所支持的信息系统		
信息安全管理策略	1. 业务持续性管理策略 (1) CIO 对各业务应急计划准备情况负责。 (2) 将业务应急计划融入到日常的业务活动中使之成为良好的工作习惯。 (3) 定期、全面和切实地测试其业务应急计划。 (4) 制定恢复策略和关键业务功能的恢复时间目标。		

信息安全 管理策略	（5）了解和适当地削减关键业务功能互相依赖的风险。 2．业务持续性管理运维策略 （1）预案制定。 业务持续性管理组织共同来制定业务持续性管理预案，针对公司目前的现状，预案至少包括业务持续性优先级排序、业务恢复策略。 （2）人员培训。 业务持续性管理组织应当建立定期培训的机制，用以提高业务持续性管理人员的处理技能。培训可以采用定期或者不定期的内部培训，以及聘请外部专家授课等方式。 （3）业务持续性管理演练。 维护小组在日常工作中对业务持续性管理系统进行必要的维护，检查业务持续性管理的各个环节是否存在问题及障碍，并定期组织演练。对于重要信息系统，每年必须进行一次应急演练。 （4）业务持续性预案完善。 通过业务持续性管理演练，尽可能发现问题，解决问题，尽量减少安全隐患对业务活动造成的影响，促使业务连续性管理体系日益完善
惩罚	违背这个策略，根据情节轻重处以罚款、降级、开除等处罚，违背法律法规的诉诸法律程序追究法律责任
引用标准	ISO 27002

6.2.11 合规性策略

公司识别出已有的法律、法规并遵守及应用，可以更可靠、更有效地保护信息安全。公司在建立信息安全体系时，除了要遵守公司内的方针、策略、程序、作业指导书的要求以外，还要服从国家的法律、法规要求，遵守行业规范，符合相关技术标准的要求，及考虑信息审核时对信息安全的影响等因素，这些都可以称为信息安全的符合性要求，这种要求是往往是强制性的。以下三个策略（如表6-33～表6-35所示）的建立旨在促进公司的合规性要求。

表6-33 策略33：法律法规要求的符合性

发布部门	信息安全部	生效时间	2010年10月13日
批准人	CIO.	编号	ISMS 11-01
介绍	对每一个信息系统和公司而言，所有相关的法律、法规和合同要求，以及为满足这些要求公司所采用的方法，应加以明白地定义、形成文件并保持更新。特定的法律要求方面的建议应从单位的法律顾问或者合格的法律从业人员处获得		
目标	公司应避免违反法律、法规、规章、合同的要求和其他的安全要求		
适用范围	该策略平等地适用于公司每个员工和所有信息系统		

续前表

信息安全 管理策略	信息系统的设计、运行、使用和管理要符合法律、法规及合同的要求。 以下列出必须遵守的法律法规，但不限于以下法律法规： 《中华人民共和国刑法》 《中华人民共和国著作权法》 《中华人民共和国商标法》 《中华人民共和国专利法》 《中华人民共和国电子签名法》 《中华人民共和国会计法》 《中华人民共和国档案法》 《中华人民共和国劳动法》 《中华人民共和国保守国家秘密法》 《中华人民共和国公司法》 《中华人民共和国标准化法》 《电子认证服务密码管理办法》 《中华人民共和国计算机信息系统安全保护条例》 《计算机信息网络国际联网安全保护管理办法》 《互联网信息服务管理办法》 《商用密码管理条例》 《信息安全等级保护管理办法》 《中华人民共和国治安管理处罚法》
惩罚	违背这个策略，根据情节轻重处以罚款、降级、开除等处罚，违背法律 法规的诉诸法律程序追究法律责任
引用标准	ISO 27002

表 6-34　策略 34：安全标准和规范要求的符合性

发布部门	信息安全部	生效时间	2010 年 10 月 13 日
批准人	CIO	编号	ISMS 11－02
介绍	管理人员应对自己职责范围内的信息处理是否符合合适的安全标准和任何其他安全要求进行定期评审。评审结果和管理人员采取的纠正措施应被记录，且这些记录应予以维护。技术符合性检查应由有经验的系统工程师手动执行（如需要，利用合适的软件工具支持），或者由技术专家用自动工具来执行，此工具可生成供后续解释的技术报告		
目标	确保公司信息系统符合相关的安全标准和规范		
适用范围	该策略平等地适用于公司每个员工和所有信息系统		
信息安全 管理策略	信息系统的设计、运行、使用和管理要符合安全标准和规范的要求。以下列出必须遵守的安全标准，但不限于以下安全标准： 《信息安全管理体系标准》（ISO/IEC 27001） 《IT 服务管理标准》（ISO/IEC 20000） 《业务连续性管理标准》（BS25999） 国标《计算机安全保护条例》		

信息安全 管理策略	国标《计算站场地技术条件》（GB2887—89） 国标《电子计算机机房设计规范》（GB50174—93） 国标《计算站场地安全要求》（GB9361—88） 国标《计算机机房用活用地板技术条件》（GB6650—86） 国标《电子设备雷击保护导则》（GB7450—87） 国标《建筑内部装修设计防火规范》（GB50222—95） 《计算机机房施工和验收规范》（SJ/T30003—93） 国标《工业与民用供电系统设计规范》（GBJ52—82） 国标《低压配电装置及线路设计规范》（GBJ54—83） 国标《电气装置安装工程及验收规范》（GB/T75—94） 国标《安全防范工程程序与要求》（GA/T75—94） 国标《建筑设计防火规范》（GBJ16—87） 《中华人民共和国公共安全行业标准》（GA/T74—94） 《民用闭路监视电视系统工程技术规范》（GB50198—94） 《安全防范系统验收规则》（GA308—2001）
惩罚	违背这个策略，根据情节轻重处以罚款、降级、开除等处罚，违背法律 法规的诉诸法律程序追究法律责任
引用标准	ISO 27002

表 6-35 策略 35：信息系统审核考虑

发布部门	信息安全部	生效时间	2010 年 10 月 13 日
批准人	CIO	编号	ISMS 11—03
介绍	在系统评估审核期间，为保证评估审核工具的完整性和防止滥用审核工具，需要建立必要的控制措施		
目标	将信息系统审核过程的有效性最大化，干扰最小化		
适用范围	该策略适用于公司所有信息系统的评估审核工作		
信息安全 管理策略	涉及对运行系统检查的审核要求和活动，应谨慎地加以规划并取得批准，以便最小化造成业务过程中断的风险； 信息系统评估审核工具，如软件或数据文件，应与开发和运行系统分开，并且不能保存在磁带库或用户区域内，除非给予合适级别的附加保护； 如果评估审核涉及到第三方，则可能存在评估审核工具被第三方滥用，以及信息被第三方组织访问的风险。应采取措施应对任何后果，如立即改变泄露给审核人员的口令		
惩罚	违背这个策略，根据情节轻重处以罚款、降级、开除等处罚，违背法律法规的诉诸法律程序追究法律责任		
引用标准	ISO 27002		

6.3　步骤三：信息安全策略审查与批准

审核是信息安全策略得以实施的保障。公司必须有成文的审核办法详细规定审核的周期和技术手段，及时发现问题并解决。

公司信息安全策略的审核由信息安全部负责实施，对公司信息安全策略的审核，目的是确保信息安全策略与标准的符合性、适宜性和有效性。常青公司的相关做法如下：

1.　审核准备

（1）信息安全策略审核至少每年进行一次，两次时间间隔不得超过 12 个月。

（2）每次审核前 10 天编制《信息安全策略文件审核计划》，经 CIO 批准后，发放至相关部门。审核计划的内容有：审核会议的时间、地点、参加人员，审核的输入和输出要求等。

（3）信息安全部在审核会议的 5 天前准备好《信息安全策略文件审核报告》供审核会议讨论。

（4）当出现以下情况时，应增加评审的频次：

①公司组织结构、资源配置发生重大变化。

②公司的信息安全目标或运作流程发生重大变化。

③信息安全法律、法规发生重大变化。

④发生重大信息安全事件。

⑤风险等级的划分和风险可接受水平发生变化。

⑥其他不可预见情况需要时。

2.　审核输入

策略文件审核的输入包括以下内容：

（1）信息安全管理方针、目标的适用性。

（2）策略文件的审核结果，包括内审、外审结果及其他形式的审核结果。

（3）相关利益方的反馈，包括客户的意见投诉、相关方的投诉或意见等。

（4）用于改善信息安全策略性能和有效性的技术、产品和程序，包括信息安全管理方案的确定、执行等。

（5）改进、预防和纠正措施的状况，包括对内部审核和日常发现的不符合项采取的纠正和预防措施的实施及其有效性的监控结果。

（6）以前风险评估中没有充分表达的威胁和薄弱点，以及风险的重新评估。

（7）以往评审跟踪措施的实施及有效性。

（8）可能影响到信息安全策略的变更，包括组织结构、资源配置发生重大变化、信息安全技术发生变化、总行的商业目标或商业运作流程发生变化、信息安全法律、法规发生变化、发生重大信息安全事件等。

（9）改进建议。

3. 审核会议

（1）策略文件审核会议由 CIO 主持，公司全体人员参加，并形成《会议签到表》。会议对评审输入做出评价，对于存在或潜在的不符合项提出纠正、预防或改进措施，确定责任人和整改时间。

（2）会议对所涉及的评审内容做出结论（包括进一步调查、验证等）。

4. 审核输出

（1）策略文件审核的输出包括以下方面的内容：

①信息安全策略及其过程有效性的改进，包括信息安全方针、目标适用性的评价。

②影响到信息安全的过程的修改，包括影响 ISMS 的内审和外审的结果。

③业务活动的要求。

④信息安全要求。

⑤影响到已有业务需求的业务处理过程。

⑥法律或法规的要求。

⑦风险等级或风险可接受水平的要求。

⑧资源要求。

（2）会议结束后，根据策略文件审核输出的要求进行总结，编写《策略文件改进建议》，经 CIO 审核批准，发至相应部门。

（3）如果审核结果引起策略文件文档的修改，应依据要求进行文件修改工作。

6.4 步骤四：信息安全策略推行

得不到贯彻的策略是一纸空文，执行不正确或者力度不够其效果也会大打折扣。信息安全策略的实施看起来简单做起来难，其关键是如何把策略准确传达给每一位相关人员。

要把策略落实到每个人的日常工作中需要获得领导支持，需要很多方法的配合使用，要有详尽、合理的信息安全策略推行计划。

常青公司制定的信息安全策略计划如下：

1. 信息安全策略文件组织形式

将信息安全策略制作成计算机帮助文件的形式，在提供内容的同时提供目录、索引和搜索机制，方便员工发现需要的信息。

2. 信息安全策略推行方法

（1）由公司最高管理者颁布信息安全策略。

（2）正式教育与非正式教育方式相结合。

正式教育方式包括培训课程、讲座、会议等；非正式的教育方式包括邮件提醒，讨论，通过张贴、发布安全方面的消息，屏幕保护程序，鼠标垫，杯子，胶贴物等。

（3）建立公司信息安全网站，将信息安全策略和标准发布在该网站上，建立互动平台，供员工、信息安全管理员之间的交流互动。

（4）定时发送安全时事通讯。

具体格式如表 6-36 所示。

表 6-36　安全时事通讯

〈常青公司〉安全时事通讯
期号 1 － 月 日 年
http://cqcom.com/security/
email：security@company.com
phone：123－456－789
01. 重要事件通知
02. 安全小文章
03. 安全小词典
04. 你问我答
05. 安全资源
06. 联系我们

（5）建立公司内部安全热线，回答员工关于信息安全策略的问题。

（6）定期检查安全策略落实情况。

（7）审计策略执行情况。

（8）如发现违背策略现象，予以不同程度的处罚，违背法律、法规，应诉诸法庭。

6.5　技能与实训

1. 在 ISO27002 的框架体系下，为常青公司虚拟一条信息安全风险，并为之编写相应的信息安全策略。

2. 根据对学校的多媒体教学系统风险评估的结果，编写信息安全策略。

学习单元 7　信息安全等级保护实务

【学习情境 3】滨海市电子政务系统信息安全等级测评

本单元以滨海市电子政务系统（简称 BEGov）为等级保护测评案例，构建了相应的学习情境。情境中对等级保护的测评实施展开了具体的分析。

【学习目的与要求】

掌握信息安全等级保护测评的整个流程、掌握现场测评技术的能力。

7.1　步骤一：信息系统概况分析

7.1.1　系统概况

滨海市电子政务系统是以政府部门之间协调办公（G2G）、政府面向企业服务（G2E）互动联系，以及政府面向公众服务（G2P）功能于一体的复杂信息系统。本系统提供三种服务功能，但是在一个平台中实现了三种功能，这三种功能是相互关联、相互协作的关联信息系统，因此，本次测评将整个系统作为一个系统来考虑，不再划分子系统。网络拓扑结构如图 7-1所示。

7.1.2　系统边界

通过对上图的分析可知，本系统的边界非常清楚，主要是与 Internet 连接的防火墙，以及提供远程接入服务的路由器。

7.1.3　业务流程分析

G2G 功能：本系统的 G2G 功能是要满足政府内部办公和政府部门之间的协同办公的需要。典型的流程是，某领导签发一份电子公文，该公文通过电子政务系统下达到财政、国土、社保等各部门，由各部门相关领导进行审阅和批复，各部门相关处室人员进行办理的过程。

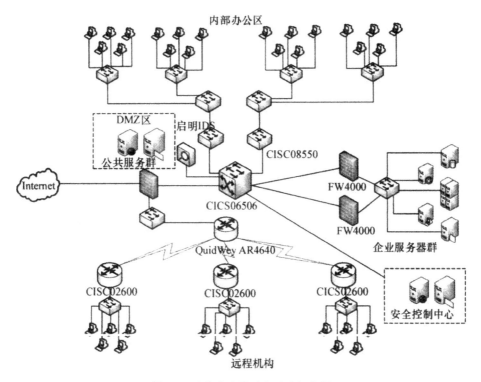

图 7-1　滨海市电子政务系统拓扑图

G2E 功能：本系统的 G2E 功能主要是满足政府面向企业服务的需要。典型的流程是：某企业要入驻高新产业区，该企业需要通过本系统办理各种手续或咨询相关问题，也将涉及各种部门，本系统将会把企业提交的材料通过电子文件的方式发送到各部门，再由各部门相关人员进行办理。

G2P 功能：本系统的 G2P 功能主要是满足政府面向社会工作服务的需要。典型的流程是：市民通过政府门户网站提交问题反映单，例如向市长公开信箱反映问题，该反映单讲以电子邮件的形式发送到市长办公室，由市长批阅后，转发给相关部门进行处理，并将处理结果反馈到网站上，再由市民通过门户网站进行查询。

7.2　步骤二：等级确定

7.2.1　确定定级对象

根据学习单元 4 介绍的确定定级对象的原则可知：BeGov 系统具有唯一

的安全责任单位——滨海市政府信息中心，该系统是由服务器、网络设备、安全设备、应用系统等组成的一个完整的人机交互系统，具有明显的信息系统特征，并承担着 G2G、G2E、G2P 等功能，各功能之间相互联系相互协作，是一个不可分割的整体。因此，滨海市电子政务系统可以作为一个定级对象。

7.2.2 确定侵害的客体和严重程度

从 BeGov 系统功能的分析可知，BeGov 系统一旦出现问题，如系统瘫痪无法提供服务，将对本市的政治、经济、文化和民生等功能产生较大的影响，因此 BEGov 系统侵害的客体为社会秩序或公众利益，不涉及国家安全。侵害的严重程度为严重损害。

7.2.3 确定系统安全的等级

根据《定级指南》所述方法，分别确定业务信息安全等级为二级、系统服务安全等级为三级，分别如表 7-1 和表 7-2 所示。

表 7-1 业务信息安全保护等级矩阵

业务信息安全被破坏时所侵害的客体	对相应客体的侵害程度		
	一般损害	严重损害	特别严重损害
公民、法人和其他组织的合法权益	第一级	第二级	第二级
社会秩序、公共利益	第二级	第三级	第四级
国家安全	第三级	第四级	第五级

表 7-2 系统服务安全保护等级矩阵

系统服务安全被破坏时所侵害的客体	对相应客体的侵害程度		
	一般损害	严重损害	特别严重损害
公民、法人和其他组织的合法权益	第一级	第二级	第二级
社会秩序、公共利益	第二级	第三级	第四级
国家安全	第三级	第四级	第五级

作为定级对象的信息系统的安全保护等级由业务信息安全保护等级和系统服务安全保护等级的较高者决定。最终确定 BEGov 系统的安全等级为三级。如表 7-3 所示。

表 7-3 BeGov 系统定级结果

信息系统名称	安全等级	业务信息重要性等级	业务服务保证性等级
BeGov 系统	三	二	三

7.3　步骤三：定级评审和备案

滨海市的信息系统没有上级主管部门，因此需提交给滨海市等级保护专家组进行评审。专家评审后确定 BeGov 系统为 3 级。

滨海市政府信息中心填写完《信息系统安全等级保护备案表》，连同《信息系统安全等级保护定级报告》提交给滨海市公安局网警支队，滨海市公安局网警支队受理了滨海市政府信息中心提交的《备案表》，至此，定级备案工作完成。

7.4　步骤四：安全等级测评

7.4.1　确定测评对象

根据定级结果和对 BeGov 系统的调研和分析，确定了 8 类测评对象，分别为机房、业务应用软件、主机（存储）存储操作系统、数据库管理系统、网络互联设备操作系统、安全设备操作系统、访谈人员、安全管理文档，具体如表 7-4～表 7-11 所示。

表 7-4　机房

序号	机房名称	物理位置
1	中心机房	信息中心大楼四楼

表 7-5　业务应用软件

序号	软件名称	主要功能
1	BEGov 系统	主要是实现面向政府内部、企业、公众的服务功能，并实现事务处理的电子化、流程化、无纸化办公

表 7-6　主机（存储）操作系统

序号	设备名称	操作系统/数据库管理系统
1	核心数据库 1	Redhat enterprise as 4.8
2	Web 服务器 1	Redhat enterprise as 4.8
3	中间件服务器 1	Redhat enterprise as 4.8
4	防病毒服务器	Win2003 Server

表 7-7 数据库管理系统

序号	设备名称	操作系统/数据库管理系统
1	DL785G5（HP）	Redhat enterprise as 4.8/主 Oracle 10g

表 7-8 网络互联设备操作系统

序号	操作系统名称	设备名称
1	IOS _ c6506	核心交换机 Cisco6506
2	IOS _ c2600	远程接入路由器 Cisco2600
3	IOS _ c3550	内部接入交换机 Cisco3550

表 7-9 安全设备操作系统

序号	操作系统名称	设备名称
1	/	企业服务器群防火墙 FW4000
2	ScreenOS：6.1	外网防火墙 Juniper ISG1000
3	/	IDS

表 7-10 访谈人员

序号	姓名	岗位/职责
1	徐达	信息中心主任
2	高山	安全管理员
3	许三	数据库管理员
4	吴东	网络管理员

表 7-11 安全管理文档

序号	文档名称	主要内容
1	信息安全管理制度	包含了计算机安全人员管理、要害岗位人员管理、计算机系统建设使用安全管理、计算机系统运行安全管理、信息系统软件管理等内容
2	技术事故管理制度	对事故及分级、事故处理流程等内容进行规定
3	防病毒管理制度	对防病毒管理制度和流程、重要服务器杀毒软件安装流程等内容进行规定
4	数据备份管理制度	对数据备份管理、介质管理等内容进行规定
5	系统变更管理制度	对系统变更要求、系统变更工程流程等内容进行规定
6	机房及值班操作间管理制度	对机房门禁管理、禁止行为管理维护等内容进行规定
7	信息管理制度	对信息部门的设置及职能、信息的收集整理和工作、信息的发布、信息的保存等内容进行规定

续前表

序号	文档名称	主要内容
8	配置管理制度	对配置信息的保存、配置信息的变更进行了规定
9	关键系统账户管理制度	对账户管理、超级管理账户管理、权限管理等内容进行规定

注意：

　　在对应用系统进行测评时，一般首先对系统管理员进行访谈，了解应用系统的状况；然后对应用系统和文档等进行检查，查看系统是否和管理员访谈的结果一致；最后可对主要的应用系统进行抽查测试，验证系统提供的功能是否有效，并可配合渗透测试，查看系统提供的安全功能是否能被旁路。

7.4.2　确定测评指标

　　根据系统定级结果可知，系统测评指标的组合为 S2A3G3。则该系统的测评指标将包括《基本要求》"技术要求"中的 3 级通用安全保护类要求（G3），2 级业务信息安全类要求（S2），3 级系统服务保证类要求（A3），以及第 3 级"管理要求"中的所有要求。具体如表 7-12 所示。

表 7-12　BeGov 系统的测评指标

测评指标					
技术/管理	层面	数　量			
		S 类（2 级）	A 类（3 级）	G 类（3 级）	小计
安全技术	物理安全	1	1	8	10
	网络安全	1	0	6	7
	主机安全	2	1	3	6
	应用安全	4	2	2	8
	数据安全	2	1	0	3
安全管理	安全管理制度	0	0	3	3
	安全管理机构	0	0	5	5
	人员安全管理	0	0	5	5
	系统建设管理	0	0	11	11
	系统运维管理	0	0	13	13
合　计					71（类）

7.4.3 扫描接入点规划与实施

本系统测评时设置了 5 个扫描接入点，如图 7-2 所示。

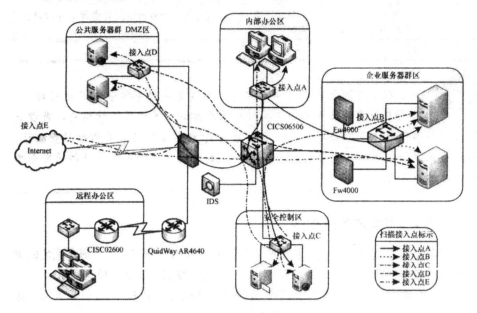

图 7-2 扫描接入点规划图

(1) 接入点 A：通过该接入点扫描内部办公区的 PC、DMZ 区、企业服务器群区、安全控制区的服务器、数据库以及途径的网络设备、安全设备，可以了解各个服务器、网络设备、数据库系统等对内部人员开放端口、弱口令、操作系统版本、系统漏洞、主机账户获取等情况。同时验证网络、安全设备对服务器防护措施的有效性。通过扫描结果分析，可以掌握系统被内部人员入侵的可能性。该接入点可以使用的扫描工具有漏洞扫描系统、Web 扫描器、数据库扫描器等。

(2) 接入点 B：通过该点接入对企业服务器群区的服务器、数据库进行漏洞扫描，可了解这些服务器的操作系统、数据库系统的弱口令、系统漏洞、开放端口情况等。

(3) 接入点 C：通过该点接入对内部办公区的 PC、DMZ 区、企业服务器群区进行漏洞扫描，可了解内部办公区的 PC、DMZ 区、企业服务器群区中设备的漏洞情况。通过扫描结果分析，可以掌握系统被技术管理人员入侵的可能性。

(4) 接入点 D：通过该点接入对 DMZ 区服务器、企业服务器群区进行漏洞扫描，可以了解各服务器开放端口、弱口令、操作系统版本、系统漏洞、主机账户获取等情况。可以掌握系统被黑客入侵 DMZ 区后，会给企业服务器群区带来的哪些威胁。

（5）接入点 E：通过互联网接入对 BeGov 系统中的企业服务器区、DMZ 区的服务器进行漏洞扫描，可以了解各个服务器、数据库系统等对公网开放端口、弱口令、操作系统版本、系统漏洞、主机账户获取等情况。同时验证网络、安全设备对服务器防护措施的有效性。通过扫描结果分析，可以掌握系统被黑客入侵后所带来的威胁。

7.4.4　单元测评结果

根据确定的测评指标，参照《测评要求》以及本书学习单元 4 所述的测评方法对测评对象进行单元测评，并按照层面汇总的方法得到物理层面、网络层面、主机层面以及应用层面的测评结果。

1．物理安全

本次测评共实施 29 项，其中符合项 27 项，不符合项 2 项，不适用项 0项，如表 7-13 所示。其中不符合项说明如下：

（1）防盗窃和防破坏：机房内没有设置防盗报警系统。

（2）防水和防潮：没有漏水检测系统，以在漏水发生时能够及时报警。

表 7-13　物理安全层面单项测评结果表

物理层面单项结果汇总					
序号	安全控制	测评对象	符合项	不符合项	不适用项
1	物理位置的选择（G3）	主机房	a) b)	——	——
2	物理访问控制（G3）	主机房	a) b) c) d)	——	——
3	防盗窃和防破坏（G3）	主机房	a) b) c) d) f)	e)	——
4	防雷击（G3）	主机房	a) b) c)	——	——
5	防火（G3）	主机房	a) b) c)	——	——
6	防水和防潮（G3）	主机房	a) b) c)	d)	——
7	防静电（G3）	主机房	a) b)	——	——
8	温湿度控制（G3）	主机房	a)	——	——
9	电力供应（A3）	主机房	a) b) c)	——	——
10	电磁防护（S2）	主机房	a)	——	——
项目小计			27	2	0

2．网络安全

本次测评共实施 32 项，其中符合项 29 项，不符合项 3 项，不适用项 0

项，如表7-14所示。其中不符合项说明如下：

（1）网络设备防护：所有设备都设置为通过 SSH 方式进行远程管理，但只能通过用户名和口令进行鉴别，没有其他的组合鉴别措施。

（2）恶意代码防范：在网络边界处未部署防恶意代码产品，不能够有效地对恶意代码进行检测和清除。

表 7-14　网络层面单项测评结果汇总表

网络层面单项结果汇总					
序号	安全控制	测评对象	符合项	不符合项	不适用项
1	结构安全（G3）	网络拓扑结构	a) b) c) d) e) f) g)	——	——
2	访问控制（G3）	网络拓扑结构	a) b) c) d) e) f) g)	——	——
3	安全审计（G3）	CISCO6506 CISCO2600 CISCO3550 FW4000 ISG1000 IDS	a) b) c) d)	——	——
4	边界完整性检查（S2）	网络拓扑结构	a)	——	——
5	入侵防范（G3）	IDS	a) b)	——	——
6	恶意代码防范（G3）	网络拓扑结构	——	a) b)	——
7	网络设备防护（G3）	CISCO6506 CISCO2600 CISCO3550 FW4000 ISG1000 IDS	a) b) c) e) f) g) h)	d)	——
项目小计			29	3	0

3. 主机安全（操作系统）

本次测评共实施 26 项，其中符合项 17 项，不符合项 9 项，不适用项 0 项，如表7-15所示。其中不符合项说明如下：

（1）身份鉴别：系统采用明文传输的 Telnet 进行远程管理。

（2）访问控制：系统 Root 账户存在共用。

（3）安全审计：系统未开启审计功能。

（4）资源控制：登录终端操作超时锁定未配置。

表 7-15　主机安全层面单项测评结果表

主机层面单项结果汇总（操作系统）					
序号	安全控制	测评对象	符合项	不符合项	不适用项
1	身份鉴别（S2）	核心数据库 1	a) b) c) e)	d)	——
		Web 服务器 1			
		中间件服务器 1			
		防病毒服务器			
2	访问控制（S2）	核心数据库 1	a) b) c)	d)	——
		Web 服务器 1			
		中间件服务器 1			
		防病毒服务器			
3	安全审计（G3）	核心数据库 1	——	a) b) c) d) e) f)	
		Web 服务器 1			
		中间件服务器 1			
		防病毒服务器			
4	入侵防范（G3）	核心数据库 1	a) b) c)	——	——
		Web 服务器 1			
		中间件服务器 1			
		防病毒服务器			
5	恶意代码防范（G3）	核心数据库 1	a) b) c)	——	——
		Web 服务器 1			
		中间件服务器 1			
		防病毒服务器			
6	资源控制（A3）	核心数据库 1	a) c) d) e)	b)	——
		Web 服务器 1			
		中间件服务器 1			
		防病毒服务器			
	项目小计		17	9	0

4. 主机安全（数据库系统）

本次测评共实施 20 项，其中符合项 14 项，不符合项 6 项，不适用项 0

项，如表 7-16 所示。其中不符合项说明如下：

安全审计：数据库系统未开启审计。

表 7-16 主机安全层面单项测评结果表

主机层面单项结果汇总（数据库系统）					
序号	安全控制	测评对象	符合项	不符合项	不适用项
1	身份鉴别（S2）	核心数据库 1	a) b) c) d) e)	——	——
2	访问控制（S2）	核心数据库 1	a) b) c) d)		——
3	安全审计（G3）	核心数据库 1	——	a) b) c) d) e) f)	——
4	资源控制（A3）	核心数据库 1	a) b) c) d) e)		——
项目小计			14	6	0

5. 应用安全

本次测评共实施 26 项，其中符合项 19 项，不符合项 7 项，不适用项 0 项，如表 7-17 所示。其中不符合项说明如下：

（1）安全审计：BeGov 系统有系统登录日志信息，没有事务处理记录功能，无法详细记录处理过程。

（2）抗抵赖：系统没有抗抵赖措施。

（3）资源控制：没有服务优先级的设定功能。

表 7-17 应用安全层面单项测评结果表

应用层面单项结果汇总					
序号	安全控制	测评对象	符合项	不符合项	不适用项
1	身份鉴别（S2）	BeGov 系统	a) b) c) d)	——	——
2	访问控制（S2）	BeGov 系统	a) b) c) d)	——	——
3	安全审计（G3）	BeGov 系统	——	a) b) c) d)	——
4	通信完整性（S2）	BeGov 系统	a)	——	——
5	通信保密性（S2）	BeGov 系统	a) b)		——
6	抗抵赖（G3）	BeGov 系统		a) b)	——
7	软件容错（A3）	BeGov 系统	a) b)	——	——
8	资源控制（A3）	BeGov 系统	a) b) c) d) e) f)	g)	——
项目小计			19	7	0

6. 数据安全及备份恢复

本次测评共实施 4 项，其中符合项 3 项，不符合项 1 项，不适用项 0 项，如表 7-18 所示。其中不符合项说明如下：

数据保密性：信息系统中操作系统、网络设备其鉴别信息没有采用加密方式实现传输的保密性，都用 Telnet 明文传输，业务数据也没有采用保密措施来实现传输的保密性。

表 7-18　数据安全层面单项测评结果表

数据层面单项结果汇总					
序号	安全控制	测评对象	符合项	不符合项	不适用项
1	数据完整性（S2）	BeGov 系统	a)	——	——
2	数据保密性（S2）	BeGov 系统	——	a)	——
3	备份和恢复（G3）	BeGov 系统	a) b)	——	——
项目小计			3	1	0

7. 安全管理制度

本次测评共实施 11 项，其中符合项 10 项，不符合项 1 项，不适用项 0 项，如表 7-19 所示。其中不符合项说明如下：

评审和修订：信息安全领导小组没有定期组织相关部门和相关人员对安全管理制度体系的合理性和适用性进行审定。

表 7-19　安全管理制度层面单项测评结果表

安全管理制度层面单项结果汇总					
序号	安全控制	测评对象	符合项	不符合项	不适用项
1	管理制度（G3）	管理制度体系	a) b) c) d)	——	——
2	制定和发布（G3）	管理制度体系	a) b) c) d) e)		——
3	评审和修订（G3）	管理制度体系	b)	a)	——
项目小计			10	1	0

8. 安全管理机构

本次测评共实施 20 项，其中符合项 17 项，不符合项 3 项，不适用项 0 项，如表 7-20 所示。其中不符合项说明如下：

（1）授权和审批：没有定期审查和更新需授权和审批的项目、审批部门和审批人等信息。

（2）沟通和合作：没有聘请安全专家作为常年的安全顾问。

（3）审核和检查：信息系统现已定期进行安全自查，但没有建立安全审核和安全检查制度。

表 7-20 安全管理机构层面单项测评结果表

安全管理机构层面单项结果汇总					
序号	安全控制	测评对象	符合项	不符合项	不适用项
1	岗位设置（G3）	组织机构体系	a) b) c) d)	——	——
2	人员配备（G3）	组织机构体系	a) b) c)	——	——
3	授权和审批（G3）	组织机构体系	a) b) d)	c)	——
4	沟通和合作（G3）	组织机构体系	a) b) c) d)	e)	——
5	审核和检查（G3）	组织机构体系	a) b) c)	d)	——
项目小计			17	3	0

9. 人员安全管理

本次测评共实施 16 项，其中符合项 11 项，不符合项 5 项，不适用项 0 项，如表 7-21 所示。其中不符合项说明如下：

（1）人员录用：关键岗位人员没有签署岗位安全协议。

（2）人员考核：没有定期对各个岗位的人员进行安全技能及安全认知的考核；没有对信息系统内关键岗位的人员进行安全审查和技能考核。

（3）安全意识教育和培训：缺少安全意识教育与培训计划。

表 7-21 人员安全管理层面单项测评结果表

人员安全管理层面单项结果汇总					
序号	安全控制	测评对象	符合项	不符合项	不适用项
1	人员录用（G3）	人员管理体系	a) b) c)	d)	——
2	人员离岗（G3）	人员管理体系	a) b) c)	——	——
3	人员考核（G3）	人员管理体系	——	a) b) c)	——
4	安全意识教育和培训（G3）	人员管理体系	a) b) d)	c)	——
5	外部人员访问管理（G3）	人员管理体系	a) b)	——	——
项目小计			11	5	0

10. 系统建设管理

本次测评共实施 45 项，其中符合项 29 项，不符合项 7 项，不适用项 9 项，如表 7-22 所示。其中不符合项说明如下：

（1）安全方案设计：没有制定近期和远期安全建设工作计划。

（2）外包软件开发：开发完成后没有进行恶意代码检测；也没有要求供

应商提供源代码。

（3）测试验收：没有要求委托第三方测试单位对系统进行安全性测试。

表 7-22　系统建设管理层面单项测评结果表

系统建设管理层面单项结果汇总					
序号	安全控制	测评对象	符合项	不符合项	不适用项
1	系统定级（G3）	系统建设管理体系	a) b) c) d)	——	——
2	安全方案设计（G3）	系统建设管理体系	a)	b) c) d) e)	——
3	产品采购和使用（G3）	系统建设管理体系	a) b) c)	——	——
4	自行软件开发（G3）	系统建设管理体系	——	——	a) b) c) d) e)
5	外包软件开发（G3）	系统建设管理体系	a) c)	b) d)	——
6	工程实施（G3）	系统建设管理体系	a) b) c)	——	——
7	测试验收（G3）	系统建设管理体系	b) c) d) e)	a)	——
8	系统交付（G3）	系统建设管理体系	a) b) c) d) e)	——	——
9	系统备案（G3）	系统建设管理体系	a) b) c)	——	——
10	等级测评（G3）	系统建设管理体系	——	——	a) b) c) d)
11	安全服务商选择（G3）	系统建设管理体系	a) b) c)	——	——
项目小计			29	7	9

11. 系统运维管理

本次测评共实施 60 项，其中符合项 50 项，不符合项 10 项，不适用项 0 项，如表 7-23 所示。其中不符合项说明如下：

（1）资产管理：目前没有根据资产的重要性对信息系统的设备进行分类标识管理；也没有信息分类。

（2）介质管理：没有对介质中的数据进行加密。

（3）监控管理和安全管理中心：没有对设备的各项资源、运行状况、网络流量进行监控。

（4）网络安全管理：没有定期对网络系统进行漏洞扫描。

（5）系统安全管理：没有定期进行系统漏洞扫描，没有定期更新补丁。

（6）备份和恢复管理：缺少备份过程记录文件，没有定期执行恢复程序来检查备份介质的完整性和有效性。

（7）应急预案管理：没有定期对应急预案进行培训。

表 7-23 系统运维管理层面单项测评结果表

序号	安全控制	测评对象	符合项	不符合项	不适用项
		系统运维管理层面单项结果汇总			
1	环境管理（G3）	系统运维管理体系	a) b) c) d)	——	——
2	资产管理（G3）	系统运维管理体系	a) b)	c) d)	——
3	介质管理（G3）	系统运维管理体系	a) b) c) d) e)	f)	——
4	设备管理（G3）	系统运维管理体系	a) b) c) d) e)	——	——
5	监控管理和安全管理中心（G3）	系统运维管理体系	b) c)	a)	——
6	网络安全管理（G3）	系统运维管理体系	a) b) c) e) f) g) h)	d)	——
7	系统安全管理（G3）	系统运维管理体系	a) d) e) f) g)	b) c)	——
8	恶意代码防范管理（G3）	系统运维管理体系	a) b) c)	——	——
9	密码管理（G3）	系统运维管理体系	a)	——	——
10	变更管理（G3）	系统运维管理体系	a) b) d)	——	——
11	备份与恢复管理（G3）	系统运维管理体系	a) b) c)	d) e)	——
12	安全事件处理（G3）	系统运维管理体系	a) b) c) d) e) f)		
13	应急预案管理（G3）	系统运维管理体系	a) b) d) e)	c)	——
	项目小计		50	10	0

7.4.5 整体测评结果

本系统的整体测评结果如表 7-24 所示。

表 7-24 安全控制间整体测评结果表

序号	安全控制	单项判定不符合项	能否进行关联互补	分析描述
1	物理访问控制	d)	否	
2	防盗窃和防破坏	e)	是	进入机房有门禁系统，并且会有人值守，虽然机房内没有防盗报警措施，但是整个机房的防盗控制是有效的，从而增强了防盗窃和防破坏这项
3	防水和防潮	d)	否	
4	网络设备防护	d)	否	

序号	安全控制	单项判定 不符合项	能否进行 关联互补	分析描述
5	恶意代码防范	a) b)	否	
6	身份鉴别	d)	否	
7	访问控制	d)	否	
8	安全审计	a) b) c) d) e) f)	否	
9	资源控制	b)	否	
10	安全审计	a) b) c) d)	否	
11	抗抵赖	a) b)	否	
12	资源控制	g)	否	
13	数据保密性	a)	否	
14	评审和修订	a)	否	
15	授权和审批	c)	否	
16	沟通和合作	e)	否	
17	审核和检查	d)	否	
18	人员录用	d)	否	
19	人员考核	a) b) c)	否	
20	安全意识教育和培训	c)	否	
21	安全方案设计	b) c) d) e)	否	
22	外包软件开发	b) d)	否	
23	测试验收	a)	否	
24	资产管理	c) d)	否	
25	介质管理	f)	否	
26	监控管理和安全管理中心	a)	否	
27	网络安全管理	d)	否	
28	系统安全管理	b) c)	否	
29	备份和恢复管理	d) e)	否	
30	应急预案管理	c)	否	

7.5　步骤五：安全等级整改

为达到国家《基本要求》相应等级要求，采取了以下措施进行整改，逐步达到国家信息安全等级相应要求。

7.5.1 立即整改的内容

1. 技术方面

（1）对网络设备、操作系统进行远程管理时，不采用明文传输的 Telnet 方式进行。对于 Windows 可采用远程终端服务，启用 Windows 2003 SP1 中针对终端的 SSL 加密功能；对于 Linux 的远程管理，可采用启用 Linux 服务器的 SSH 功能，通过 SSH 远程管理服务器。

（2）系统中建立多种角色的账户，如管理员账户、审计员账户、安全员账户，每个账户均有不同的人管理和使用。

（3）启用 Windows 和 Linux 系统的安全审计功能。

（4）配置登录终端操作超时锁定。

2. 管理方面

（1）组建信息安全领导小组，并定期组织相关部门和相关人员对安全管理制度体系的合理性和适用性进行审定。

（2）建立安全审核和安全检查制度。

（3）拟定《安全岗位协议》，并与关键岗位人员签署。

（4）编制《年度安全意识教育与培训计划表》并落实，形成培训计划以及考核结果。

（5）建立针对各个岗位的人员的《安全技能及安全认知考核管理办法》，并于下年度进行落实，同时要定期对信息系统内关键岗位的人员进行安全审查和技能考核。

（6）编制《安全建设工作计划》，包括近期和远期的计划内容。

（7）要求供应商提供 BeGov 系统的源代码，并将 BeGov 系统提交给第三方机构进行代码安全性检测。

（8）重新梳理系统中的信息资产，并根据重要性进行分类标识、建立《信息资产管理办法》，明确信息资产的分类/分级管理的原则和操作步骤。

（9）编制《系统漏洞扫描管理办法》，规定网络层、系统层的漏洞扫描实施的周期、报告的内容以及报告分析的结果。

（10）编制《信息系统补丁管理办法》，规定补丁升级的策略、步骤、异常处理等方面的内容。

（11）重新修订《数据备份管理制度》，明确备份执行的情况的分析、检查，以及定期恢复测试的执行方法等内容。

（12）规定应急预案培训的方式、对象、内容等，并每一年开展一次应急预案的培训。

7.5.2　长期整改的内容

1. 技术方面

（1）部署机房的漏水检测系统。

（2）在网络边界处部署防恶意代码产品。

（3）部署第三方数据库审计产品。

（4）对 BeGov 系统进行改版，增加日志管理、服务优先级管理等功能，为每个用户配置动态口令卡，将口令卡和用户信息在系统中进行绑定来实现抗抵赖。

2. 管理方面

（1）每隔 3 个月审查和更新一次需授权和审批的项目、审批部门和审批人等信息。

（2）聘请安全专家作为常年的安全顾问。

（3）落实各类型人员的安全意识教育和培训以及岗位人员考核。

（4）未来新建系统在完成项目开发后，需提交第三方机构进行代码安全性检测，并要求供应商提交源代码。

（5）配备具有加密功能的备份介质。

（6）部署网络管理软件，对设备的各项资源、运行状况、网络流量进行监控。

（7）按照制度要求，定期对网络、系统进行漏洞扫描。

7.6　技能与实训

请为学校的教务管理系统定级、测评并制定出整改报告。

附录 A 信息系统安全等级保护定级报告

（规范性附录）

一、XXX 信息系统描述

简述确定该系统为定级对象的理由。从三方面进行说明：一是描述承担信息系统安全责任的相关单位或部门，说明本单位或部门对信息系统具有信息安全保护责任，该信息系统为本单位或部门的定级对象；二是该定级对象是否具有信息系统的基本要素，描述基本要素、系统网络结构、系统边界和边界设备；三是该定级对象是否承载着单一或相对独立的业务，业务情况描述。

二、XXX 信息系统安全保护等级确定（定级方法参见国家标准《信息系统安全等级保护定级指南》）

（一）业务信息安全保护等级的确定

1. 业务信息描述

描述信息系统处理的主要业务信息等。

2. 业务信息受到破坏时所侵害客体的确定

说明信息受到破坏时侵害的客体是什么，即对三个客体（国家安全；社会秩序和公众利益；公民、法人和其他组织的合法权益）中的哪些客体造成侵害。

3. 信息受到破坏后对侵害客体的侵害程度的确定

说明信息受到破坏后，会对侵害客体造成什么程度的侵害，即说明是一般损害、严重损害还是特别严重损害。

4. 业务信息安全等级的确定

依据信息受到破坏时所侵害的客体以及侵害程度，确定业务信息安全等级。

（二）系统服务安全保护等级的确定

1. 系统服务描述

描述信息系统的服务范围、服务对象等。

2. 系统服务受到破坏时所侵害客体的确定

说明系统服务受到破坏时侵害的客体是什么，即对三个客体（国家安全；

社会秩序和公众利益；公民、法人和其他组织的合法权益）中的哪些客体造成侵害。

3. 系统服务受到破坏后对侵害客体的侵害程度的确定

说明系统服务受到破坏后，会对侵害客体造成什么程度的侵害，即说明是一般损害、严重损害还是特别严重损害。

4. 系统服务安全等级的确定

依据系统服务受到破坏时所侵害的客体以及侵害程度确定系统服务安全等级。

（三）安全保护等级的确定

信息系统的安全保护等级由业务信息安全等级和系统服务安全等级较高者决定，最终确定 XXX 系统安全保护等级为第几级。

信息系统名称	安全保护等级	业务信息安全等级	系统服务安全等级
XXX 信息系统	X	X	X

附录 B　信息系统安全等级保护备案表

（规范性附录）

备案表编号： ☐☐☐☐☐☐☐—☐☐☐☐☐

信息系统安全等级保护
备案表

备 案 单 位：_____（盖章）

备 案 日 期：_____

受理备案单位：_____（盖章）

受 理 日 期：_____

中华人民共和国公安部监制

填　表　说　明

一、**制表依据**：根据《信息安全等级保护管理办法》（公通字［2007］43 号）之规定，制作本表。

二、**填表范围**：本表由第二级以上信息系统运营使用单位或主管部门（以下简称"备案单位"）填写；本表由四张表单构成，表一为单位信息，每个填表单位填写一张；表二为信息系统基本信息，表三为信息系统定级信息，表二、表三每个信息系统填写一张；表四为第三级以上信息系统需要同时提交的内容，由每个第三级以上信息系统填写一张，并在完成系统建设、整改、测评等工作，投入运行后三十日内向受理备案公安机关提交；表二、表三、表四可以复印使用。

三、**保存方式**：本表一式二份，一份由备案单位保存，一份由受理备案公安机关存档。

四、本表中有选择的地方请在选项左侧"□"划"√"，如选择"其他"，请在其后的横线中注明详细内容。

五、**封面中备案表编号**（由受理备案的公安机关填写并校验）：分两部分共 11 位，第一部分 6 位，为受理备案公安机关代码前 6 位（可参照行标 GA380—2002）。第二部分 5 位，为受理备案的公安机关给出的备案单位的顺序编号。

六、**封面中备案单位**：是指负责运营使用信息系统的法人单位全称。

七、**封面中受理备案单位**：是指受理备案的公安机关公共信息网络安全监察部门名称。此项由受理备案的公安机关负责填写并盖章。

八、**表一04 行政区划代码**：是指备案单位所在的地（区、市、州、盟）行政区划代码。

九、**表一05 单位负责人**：是指主管本单位信息安全工作的领导。

十、**表一06 责任部门**：是指单位内负责信息系统安全工作的部门。

十一、**表一08 隶属关系**：是指信息系统运营使用单位与上级行政机构的从属关系，须按照单位隶属关系代码（GB/T12404—1997）填写。

十二、**表二02 系统编号**：是由运营使用单位给出的本单位备案信息系统的编号。

十三、**表二 05 系统网络平台**：是指系统所处的网络环境和网络构架情况。

十四、**表二 07 关键产品使用情况**：关键产品是指系统中该类产品的研制、生产单位是由中国公民、法人投资或者国家投资或者控股，在中华人民共和国境内具有独立的法人资格，产品的核心技术、关键部件具有我国自主知识产权。

十五、**表二 08 系统采用服务情况**：国内服务商是指服务机构在中华人民共和国境内注册成立（港澳台地区除外），由中国公民、法人或国家投资的企事业单位。

十六、**表三 01、02、03 项**：填写上述三项内容，确定信息系统安全保护等级时可参考《信息系统安全等级保护定级指南》，信息系统安全保护等级由业务信息安全等级和系统服务安全等级较高者决定。01、02 项中每一个确定的级别所对应的损害客体及损害程度可多选。

十七、**表三 06 主管部门**：是指对备案单位信息系统负领导责任的行政或业务主管单位或部门。部级单位此项可不填。

十八、**解释**：本表由公安部公共信息网络安全监察局监制并负责解释，未经允许，任何单位和个人不得对本表进行改动。

表 B.1　单位基本情况

01 单位名称				
02 单位地址省	＿＿＿＿省（自治区、直辖市）＿＿＿＿地（区、市、州、盟）＿＿＿＿县（区、市、旗）			
03 邮政编码	□□□□□□	04 行政区划代码	□□□□□□□□	
05 单位负责人	姓　名		职务/职称	
	办公电话		电子邮件	
06 责任部门				
07 责任部门 联系人	姓　名		职务/职称	
	办公电话		电子邮件	
	移动电话			
08 隶属关系	□1 中央　　□2 省（自治区、直辖市）　　□3 地（区、市、州、盟） □4 县（区、市、旗）　　　　　　　□9 其他＿＿＿＿			
09 单位类型	□1 党委机关　□2 政府机关　□3 事业单位　□4 企业　□9 其他＿＿＿			
10 行业类别	□11 电信　　　　□12 广电　　　□13 经营性公众互联网 □21 铁路　　　　□22 银行　　　□23 海关　　　　　□24 税务 □25 民航　　　　□26 电力　　　□27 证券　　　　　□28 保险 □31 国防科技工业　□32 公安　　□33 人事劳动和社会保障　□34 财政 □35 审计　　　　□36 商业贸易　□37 国土资源　　　□38 能源 □39 交通　　　　□40 统计　　　□41 工商行政管理　□42 邮政 □43 教育　　　　□44 文化　　　□45 卫生　　　　　□46 农业 □47 水利　　　　□48 外交　　　□49 发展改革　　　□50 科技 □51 宣传　　　　□52 质量监督检验检疫 □99 其他＿＿＿＿＿＿			
11 信息系统 总数	个	12 第二级信息系统数　　个	13 第三级信息系统数　　个	
		14 第四级信息系统数　　个	15 第五级信息系统数　　个	

表 B.2 信息系统情况

01 系统名称						02 系统编号			

03 系统承载业务情况	业务类型	□1 生产作业　　□2 指挥调度　　□3 管理控制　　□4 内部办公 □5 公众服务　　□9 其他
	业务描述	

04 系统服务情况	服务范围	□10 全国　　　　　　　　□11 跨省（区、市）跨____个 □20 全省（区、市）　　　□21 跨地（市、区）跨____个 □30 地（市、区）内 □99 其他____
	服务对象	□1 单位内部人员　□2 社会公众人员　□3 两者均包括　□9 其他____

05 系统网络平台	覆盖范围	□1 局域网　　　□2 城域网　　　□3 广域网　　　□9 其他____
	网络性质	□1 业务专网　　□2 互联网　　　□9 其他____

06 系统互联情况	□1 与其他行业系统连接　　　　□2 与本行业其他单位系统连接 □3 与本单位其他系统连接　　　□9 其他____

07 关键产品使用情况	序号	产品类型	数量	使用国产品率		
				全部使用	全部未使用	部分使用及使用率
	1	安全专用产品		□	□	□ ____%
	2	网络产品		□	□	□ ____%
	3	操作系统		□	□	□ ____%
	4	数据库		□	□	□ ____%
	5	服务器		□	□	□ ____%
	6	其他____		□	□	□ ____%

08 系统采用服务情况	序号	服务类型		服务责任方类型		
				本行业（单位）	国内其他服务商	国外服务商
	1	等级测评	□有□无	□	□	□
	2	风险评估	□有□无	□	□	□
	3	灾难恢复	□有□无	□	□	□
	4	应急响应	□有□无	□	□	□
	5	系统集成	□有□无	□	□	□
	6	安全咨询	□有□无	□	□	□
	7	安全培训	□有□无	□	□	□
	8	其他		□	□	□

09 等级测评单位名称	
10 何时投入运行使用	年　　月　　日
11 系统是否是分系统	□是　　　　□否（如选择是请填下两项）
12 上级系统名称	
13 上级系统所属单位名称	

表 B.3 信息系统定级情况

	损害客体及损害程度	级别
01 确定业务信息安全保护等级	□仅对公民、法人和其他组织的合法权益造成损害	□第一级
	□对公民、法人和其他组织的合法权益造成严重损害 □对社会秩序和公共利益造成损害	□第二级
	□对社会秩序和公共利益造成严重损害 □对国家安全造成损害	□第三级
	□对社会秩序和公共利益造成特别严重损害 □对国家安全造成严重损害	□第四级
	□对国家安全造成特别严重损害	□第五级
02 确定系统服务安全保护等级	□仅对公民、法人和其他组织的合法权益造成损害	□第一级
	□对公民、法人和其他组织的合法权益造成严重损害 □对社会秩序和公共利益造成损害	□第二级
	□对社会秩序和公共利益造成严重损害 □对国家安全造成损害	□第三级
	□对社会秩序和公共利益造成特别严重损害 □对国家安全造成严重损害	□第四级
	□对国家安全造成特别严重损害	□第五级

03 信息系统安全保护等级	□第一级 □第二级 □第三级 □第四级 □第五级				
04 定级时间	年 月 日				
05 专家评审情况	□已评审	□未评审			
06 是否有主管部门	□有	□无（如选择有请填下两项）			
07 主管部门名称					
08 主管部门审批定级情况	□已审批	□未审批			
09 系统定级报告	□有	□无　　附件名称＿＿＿＿＿			
填表人：	填表日期：　　年　　月　　日				

备案审核民警：　　　　　　　审核日期：　　　　年　　月　　日

表 B.4 第三级以上信息系统提交材料情况

01 系统拓扑结构及说明	□有	□无	附件名称＿＿＿＿＿
02 系统安全组织机构及管理制度	□有	□无	附件名称＿＿＿＿＿
03 系统安全保护设施设计实施方案或改建实施方案	□有	□无	附件名称＿＿＿＿＿
04 系统使用的安全产品清单及认证、销售许可证明	□有	□无	附件名称＿＿＿＿＿
05 系统等级测评报告	□有	□无	附件名称＿＿＿＿＿
06 专家评审情况	□有	□无	附件名称＿＿＿＿＿
07 上级主管部门审批意见	□有	□无	附件名称＿＿＿＿＿

附录C 信息技术 安全技术 信息安全
管理体系 要求（征求意见稿）
（规范性附录）

中华人民共和国国家标准

GB/T××××—××××

信息技术 安全技术
信息安全管理体系 要求

Information technology-Security techniques Information security management systems-requirements

（IDT ISO/IEC 27001：2005）

（征求意见稿）

2007-××-××发布   2007-××-××实施

国家质量监督检验检疫总局   发布

目　次

前　言 ……………………………………………………………………………… 226

引　言 ……………………………………………………………………………… 227

1　范围 ……………………………………………………………………………… 230

2　规范性引用文件 ………………………………………………………………… 230

3　术语和定义 ……………………………………………………………………… 230

4　信息安全管理体系（ISMS） …………………………………………………… 232

5　管理职责 ………………………………………………………………………… 237

6　内部 ISMS 审核 ………………………………………………………………… 238

7　ISMS 的管理评审 ……………………………………………………………… 238

8　ISMS 改进 ……………………………………………………………………… 239

附　录　a（规范性附录）控制目标和控制措施 ………………………………… 241

附　录　b（资料性附录）OECD 原则和本标准 ………………………………… 254

附　录　c（资料性附录）ISO 9001：2000，ISO 14001：2004 和本标准之间的

对照 ………………………………………………………………………………… 255

前　言

引　言

0.1　总则

本标准用于为建立、实施、运行、监视、评审、保持和改进信息安全管理体系（Information Security Management System，简称 ISMS）提供模型。采用 ISMS 应当是一个组织的一项战略性决策。一个组织的 ISMS 的设计和实施受其需要和目标、安全要求、所采用的过程以及组织的规模和结构的影响，上述因素及其支持系统会不断发生变化。按照组织的需要实施 ISMS，是本标准所期望的，例如，简单的情况可采用简单的 ISMS 解决方案。

本标准可被内部和外部相关方用于一致性评估。

0.2　过程方法

本标准采用一种过程方法来建立、实施、运行、监视、评审、保持和改进一个组织的 ISMS。

一个组织必须识别和管理众多活动使之有效运作。通过使用资源和管理，将输入转化为输出的任意活动，可以视为一个过程。通常，一个过程的输出可直接构成下一过程的输入。

一个组织内诸过程的系统的运用，连同这些过程的识别和相互作用及其管理，可称之为"过程方法"。

本标准中提出的用于信息安全管理的过程方法鼓励其用户强调以下方面的重要性：

a）理解组织的信息安全要求和建立信息安全方针与目标的需要；

b）从组织整体业务风险的角度，实施和运行控制措施，以管理组织的信息安全风险；

c）监视和评审 ISMS 的执行情况和有效性；

d）基于客观测量的持续改进。

本标准采用了"规划（Plan）—实施（Do）—检查（Check）—处置（Act）"（PDCA）模型，该模型可应用于所有的 ISMS 过程。图 1 说明了 ISMS 如何把相关方的信息安全要求和期望作为输入，并通过必要的行动和过程，产生满足这些要求和期望的信息安全结果。图 1 也描述了 4、5、6、7 和 8 章所提出的过程间的联系。

采用 PDCA 模型还反映了治理信息系统和网络安全的 OECD 指南（2002版）① 中所设置的原则。本标准为实施 OECD 指南中规定的风险评估、安全设计和实施、安全管理和再评估的原则提供了一个强健的模型。

例 1：某些信息安全缺陷不至于给组织造成严重的财务损失和/或使组织陷入困境，这可能是一种要求。

例 2：如果发生了严重的事件——可能是组织的电子商务网站被黑客入侵——应有经充分培训的员工按照适当的程序，将事件的影响降至最小。这可能是一种期望。

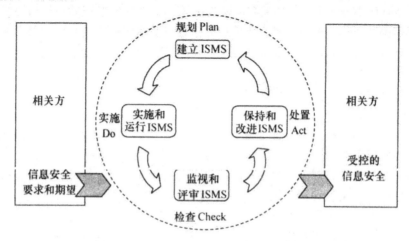

图 1　应用于 ISMS 过程的 PDCA 模型

表 B.3　信息系统定级情况

规划（建立 ISMS）	建立与管理风险和改进信息安全有关的 ISMS 方针、目标、过程和程序，以提供与组织总方针和总目标相一致的结果。
实施（实施和运行 ISMS）	实施和运行 ISMS 方针、控制措施、过程和程序。
检查（监视和评审 ISMS）	对照 ISMS 方针、目标和实践经验，评估并在适当时，测量过程的执行情况，并将结果报告管理者以供评审。
处置（保持和改进 ISMS）	基于 ISMS 内部审核和管理评审的结果或者其他相关信息，采取纠正和预防措施，以持续改进 ISMS。

0.3　与其他管理体系的兼容性

本标准与 GB/T 19001—2000 及 GB/T 24001—1996 相结合，以支持与相

---

① OECD 信息系统和网络安全指南——面向安全文化。巴黎：OECD，2002 年 7 月。www.oecd.org。

关管理标准一致的、整合的实施和运行。因此，一个设计恰当的管理体系可以满足所有这些标准的要求。表 c.1 说明了本标准、GB/T 19001—2000（ISO 9001:2000）和 GB/T 24001—1996（ISO 14001:2004）的各条款之间的关系。

本标准的设计能够使一个组织将其 ISMS 与其他相关的管理体系要求结合或整合起来。

信息技术 安全技术 信息安全管理体系 要求

重点：本出版物不声称包括一个合同所有必要的规定。用户负责对其进行正确的应用。符合标准本身并不获得法律义务的豁免。

1. 范围

1.1 总则

本标准适用于所有类型的组织（例如，商业企业、政府机构、非赢利组织）。本标准从组织的整体业务风险的角度，为建立、实施、运行、监视、评审、保持和改进文件化的 ISMS 规定了要求。它规定了为适应不同组织或其部门的需要而定制的安全控制措施的实施要求。

ISMS 的设计应确保选择适当和相宜的安全控制措施，以充分保护信息资产并给予相关方信心。

注 1：本标准中的"业务"一词应广义地解释为关系一个组织生存的核心活动。
注 2：ISO/IEC 17799 提供了设计控制措施时可使用的实施指南。

1.2 应用

本标准规定的要求是通用的，适用于各种类型、规模和特性的组织。组织声称符合本标准时，对于 4、5、6、7 和 8 章的要求不能删减。

为了满足风险接受准则所必须进行的任何控制措施的删减，必须证明是合理的，且需要提供证据证明相关风险已被负责人员接受。除非删减不影响组织满足由风险评估和适用法律法规要求所确定的安全要求的能力和/或责任，否则不能声称符合本标准。

注：如果一个组织已经有一个运转着的业务过程管理体系（例如，与 ISO 9001 或者 ISO 14001 相关的），那么在大多数情况下，更可取的是在这个现有的管理体系内满足本标准的要求。

2. 规范性引用文件

下列参考文件对于本文件的应用是必不可少的。凡是注日期的引用文件，只有引用的版本适用于本标准；凡是不注日期的引用文件，其最新版本（包括任何修改）适用于本标准。

ISO/IEC 17799:2005，信息技术—安全技术—信息安全管理实用规则。

3. 术语和定义

本标准采用以下术语和定义。

附录C 信息技术 安全技术 信息安全管理体系 要求（征求意见稿）

3.1

资产 asset

任何对组织有价值的东西 [ISO/IEC 13335-1:2004]。

3.2

可用性 availability

根据授权实体的要求可访问和利用的特性 [ISO/IEC 13335-1:2004]。

3.3

保密性 confidentiality

信息不能被未授权的个人、实体或者过程利用或知悉的特性 [ISO/IEC 13335-1:2004]。

3.4

信息安全 information security

保证信息的保密性、完整性、可用性；另外也可包括诸如真实性、可核查性、不可否认性和可靠性等特性 [ISO/IEC 17799:2005]。

3.5

信息安全事态 information security event

信息安全事态是指系统、服务或网络的一种可识别的状态的发生，它可能是对信息安全策略的违反或防护措施的失效，或是和安全关联的一个先前未知的状态 [ISO/IEC TR 18044:2004]。

3.6

信息安全事件 information security incident

一个信息安全事件由单个的或一系列的有害或意外信息安全事态组成，它们具有损害业务运作和威胁信息安全的极大的可能性 [ISO/IEC TR 18044:2004]。

3.7

信息安全管理体系（ISMS）information security management system（ISMS）

是整个管理体系的一部分。它是基于业务风险方法，来建立、实施、运行、监视、评审、保持和改进信息安全的。

注：管理体系包括组织结构、方针策略、规划活动、职责、实践、程序、过程和资源。

3.8

完整性 integrity

保护资产的准确和完整的特性 [ISO/IEC 13335-1:2004]。

3.9

残余风险 residual risk

经过风险处理后遗留的风险 [ISO/IEC Guide 73:2002]。

3. 10

风险接受 risk acceptance

接受风险的决定 [ISO/IEC Guide 73：2002]。

3. 11

风险分析 risk analysis

系统地使用信息来识别风险来源和估计风险 [ISO/IEC Guide 73：2002]。

3. 12

风险评估 risk assessment

风险分析和风险评价的整个过程 [ISO/IEC Guide 73：2002]。

3. 13

风险评价 risk evaluation

将估计的风险与给定的风险准则加以比较以确定风险严重性的过程 [ISO/IEC Guide 73：2002]。

3. 14

风险管理 risk management

指导和控制一个组织相关风险的协调活动 [ISO/IEC Guide 73：2002]。

3. 15

风险处理 risk treatment

选择并且执行措施来更改风险的过程 [ISO/IEC Guide 73：2002]。

注：在本标准中，术语“控制措施”被用作“措施”的同义词。

3. 16

适用性声明 statement of applicability

描述与组织的信息安全管理体系相关的和适用的控制目标和控制措施的文档。

注：控制目标和控制措施基于风险评估和风险处理过程的结果和结论、法律法规的要求、合同义务以及组织对于信息安全的业务要求。

4. 信息安全管理体系 (ISMS)

4.1 总要求

组织应在其整体业务活动和所面临风险的环境下建立、实施、运行、监视、评审、保持和改进文件化的 ISMS。在本标准中，所使用的过程基于图1所示的 PDCA 模型。

4.2 建立和管理 ISMS

4.2.1 建立 ISMS

组织要做以下方面的工作：

　　a）根据业务、组织、位置、资产和技术等方面的特性，确定 ISMS 的范围和边界，包括对范围任何删减的详细说明和正当性理由（见 1.2）。

　　b）根据业务、组织、位置、资产和技术等方面的特性，确定 ISMS 方针。ISMS 方针应：

　　　　1）包括设定目标的框架和建立信息安全工作的总方向和原则；

　　　　2）考虑业务和法律法规的要求，及合同中的安全义务；

　　　　3）在组织的战略性风险管理环境下，建立和保持 ISMS；

　　　　4）建立风险评价的准则［见 4.2.1c］；

　　　　5）获得管理者批准。

　　注：就本标准的目的而言，ISMS 方针被认为是信息安全方针的一个扩展集。这些方针可以在一个文件中进行描述。

　　c）确定组织的风险评估方法

　　　　1）识别适合 ISMS、已识别的业务信息安全和法律法规要求的风险评估方法。

　　　　2）制定接受风险的准则，识别可接受的风险级别（见 5.1f）。

　　选择的风险评估方法应确保风险评估产生可比较的和可再现的结果。

　　注：风险评估具有不同的方法。在 ISO/IEC TR 13335－3《信息技术 IT 安全管理指南：IT 安全管理技术》中描述了风险评估方法的例子。

　　d）识别风险

　　　　1）识别 ISMS 范围内的资产及其责任人[①]；

　　　　2）识别资产所面临的威胁；

　　　　3）识别可能被威胁利用的脆弱点；

　　　　4）识别丧失保密性、完整性和可用性可能对资产造成的影响。

　　e）分析和评价风险

　　　　1）在考虑丧失资产的保密性、完整性和可用性所造成的后果的情况下，评估安全失误可能造成的对组织的影响。

　　　　2）评估由主要威胁和脆弱点导致安全失误的现实可能性、对资产的影响以及当前所实施的控制措施。

　　　　3）估计风险的级别。

　　　　4）确定风险是否可接受，或者是否需要使用在 4.2.1c）2）中所建立的接受风险的准则进行处理。

　　f）识别和评价风险处理的可选措施

---

　　① 术语"责任人"标识了已经获得管理者的批准，负责产生、开发、维护、使用和保证资产的安全的个人或实体。术语"责任人"不是指该人员实际上对资产拥有所有权。

可能的措施包括：

  1）采用适当的控制措施；

  2）在明显满足组织方针策略和接受风险的准则的条件下，有意识地、客观地接受风险［见 4.2.1 c）2)］；

  3）避免风险；

  4）将相关业务风险转移到其他方，如：保险，供应商等。

g）为处理风险选择控制目标和控制措施

控制目标和控制措施应加以选择和实施，以满足风险评估和风险处理过程中所识别的要求。这种选择应考虑接受风险的准则［见 4.2.1c）2)］以及法律法规和合同要求。

从附录 a 中选择控制目标和控制措施应成为此过程的一部分，该过程适合于满足这些已识别的要求。

附录 a 所列的控制目标和控制措施并不是所有的控制目标和控制措施，组织也可能需要选择另外的控制目标和控制措施。

  注：附录 a 包含了组织内一般要用到的全面的控制目标和控制措施的列表。本标准用户可将附录 a 作为选择控制措施的出发点，以确保不会遗漏重要的可选控制措施。

h）获得管理者对建议的残余风险的批准

i）获得管理者对实施和运行 ISMS 的授权

j）准备适用性声明（SoA）

应从以下几方面准备适用性声明：

  1）4.2.1 g）所选择的控制目标和控制措施，以及选择的理由；

  2）当前实施的控制目标和控制措施［见 4.2.1e）2)］；

  3）对附录 a 中任何控制目标和控制措施的删减，以及删减的合理性说明。

  注：适用性声明提供了一份关于风险处理决定的综述。删减的合理性说明提供交叉检查，以证明不会因疏忽而遗漏控制措施。

4.2.2 实施和运行 ISMS

组织应：

a）为管理信息安全风险识别适当的管理措施、资源、职责和优先顺序，即：制定风险处理计划（见第 5 章）。

b）实施风险处理计划以达到已识别的控制目标，包括资金安排、角色和职责的分配。

c）实施 4.2.1 g）中所选择的控制措施，以满足控制目标。

d）确定如何测量所选择的控制措施或控制措施集的有效性，并指明如何用来评估控制措施的有效性，以产生可比较的和可再现的结果［见 4.2.3c)］。

  注：测量控制措施的有效性可使管理者和员工确定控制措施达到既定的控制目标的程度。

e）实施培训和意识教育计划（见 5.2.2）。

f）管理 ISMS 的运行。

g）管理 ISMS 的资源（见 5.2）。

h）实施能够迅速检测安全事态和响应安全事件的程序和其他控制措施〔见 4.2.3）a）〕。

4.2.3 监视和评审 ISMS

组织应：

a）执行监视与评审程序和其他控制措施，以：

    1）迅速检测过程运行结果中的错误；

    2）迅速识别试图的和得逞的安全违规和事件；

    3）使管理者能够确定分配给人员的安全活动或通过信息技术实施的安全活动是否被如期执行；

    4）通过使用指示器，帮助检测安全事态并预防安全事件；

    5）确定解决安全违规的措施是否有效。

b）在考虑安全审核结果、事件、有效性测量结果、所有相关方的建议和反馈的基础上，进行 ISMS 有效性的定期评审（包括满足 ISMS 方针和目标，以及安全控制措施的评审）。

c）测量控制措施的有效性以验证安全要求是否被满足。

d）按照计划的时间间隔进行风险评估的评审，以及对残余风险和已确定的可接受的风险级别进行评审，应考虑以下方面的变化：

    1）组织；

    2）技术；

    3）业务目标和过程；

    4）已识别的威胁；

    5）已实施的控制措施的有效性；

    6）外部事态，如法律法规环境的变更、合同义务的变更和社会环境的变更。

e）按计划的时间间隔，实施 ISMS 内部审核（见第 6 章）。

注：内部审核，有时称为第一方审核，是用于内部目的，由组织自己或以组织的名义所进行的审核。

f）定期进行 ISMS 管理评审，以确保 ISMS 范围保持充分，ISMS 过程的改进得到识别（见 7.1）。

g）考虑监视和评审活动的结果，以更新安全计划。

h）记录可能影响 ISMS 的有效性或执行情况的措施和事态（见 4.3.3）。

4.2.4 保持和改进 ISMS

组织应经常：

a）实施已识别的 ISMS 改进措施。

b）依照 8.2 和 8.3 采取合适的纠正和预防措施。从其他组织和组织自身的安全经验中吸取教训。

c）向所有相关方沟通措施和改进情况，其详细程度应与环境相适应，需要时，商定如何进行。

d）确保改进达到了预期目标。

4.3　文件要求

4.3.1　总则

文件应包括管理决定的记录，以确保所采取的措施符合管理决定和方针策略，还应确保所记录的结果是可重复产生的。

重要的是，能够显示出所选择的控制措施回溯到风险评估和风险处理过程的结果，并进而回溯到 ISMS 方针和目标之间的关系。

ISMS 文件应包括：

a）形成文件的 ISMS 方针 ［见 4.2.1b)］ 和目标；

b）ISMS 的范围 ［见 4.2.1a)］；

c）支持 ISMS 的程序和控制措施；

d）风险评估方法的描述 ［见 4.2.1c)］；

e）风险评估报告 ［见 4.2.1c) 到 4.2.1g)］；

f）风险处理计划 ［见 4.2.2b)］；

g）组织为确保其信息安全过程的有效规划、运行和控制以及描述如何测量控制措施的有效性所需的形成文件的程序 ［见 4.2.3c)］；

h）本标准所要求的记录 （见 4.3.3）；

i）适用性声明。

注 1：本标准出现 "形成文件的程序" 之处，即要求建立该程序，形成文件，并加以实施和保持。
注 2：不同组织的 ISMS 文件的详略程度取决于：
　　— 组织的规模和活动的类型；
　　— 安全要求和被管理系统的范围及复杂程度。
注 3：文件和记录可以采用任何形式或类型的介质。

4.3.2　文件控制

ISMS 所要求的文件应予以保护和控制。应编制形成文件的程序，以规定以下方面所需的管理措施：

a）文件发布前得到批准，以确保文件是适当的；

b）必要时对文件进行评审、更新并再次批准；

c）确保文件的更改和现行修订状态得到标识；

d）确保在使用处可获得适用文件的相关版本；

e）确保文件保持清晰、易于识别；

f）确保文件对需要的人员可用，并依照文件适用的类别程序进行传输、贮存和最终销毁；

g）确保外来文件得到标识；

h）确保文件的分发得到控制；

i）防止作废文件的非预期使用；

j）若因任何目的而保留作废文件时，对这些文件进行适当的标识。

4.3.3 记录控制

记录应建立并加以保持，以提供符合 ISMS 要求和有效运行的证据。记录应加以保护和控制。ISMS 的记录应考虑相关法律法规要求和合同义务。记录应保持清晰、易于识别和检索。记录的标识、贮存、保护、检索、保存期限和处置所需的控制措施应形成文件并实施。

应保留 4.2 中列出的过程执行记录和所有发生的与 ISMS 有关的重大安全事件的记录。

例如：记录包括访客登记簿、审核报告和已完成的访问授权单。

5. 管理职责

5.1 管理承诺

管理者应通过以下活动，对建立、实施、运行、监视、评审、保持和改进 ISMS 的承诺提供证据：

a）制定 ISMS 方针；

b）确保 ISMS 目标和计划得以制定；

c）建立信息安全的角色和职责；

d）向组织传达满足信息安全目标、符合信息安全方针、履行法律责任和持续改进的重要性；

e）提供足够资源，以建立、实施、运行、监视、评审、保持和改进 ISMS（见 5.2.1）；

f）决定接受风险的准则和风险的可接受级别；

g）确保 ISMS 内部审核的执行（见第 6 章）；

h）实施 ISMS 的管理评审（见第 7 章）。

5.2 资源管理

5.2.1 资源提供

组织应确定并提供所需的资源，以：

a）建立、实施、运行、监视、评审、保持和改进 ISMS；

b）确保信息安全程序支持业务要求；

　　c) 识别和满足法律法规要求，以及合同中的安全义务；

　　d) 通过正确实施所有的控制措施保持适当的安全；

　　e) 必要时，进行评审，并适当响应评审的结果；

　　f) 在需要时，改进 ISMS 的有效性。

5.2.2　培训、意识和能力

　　组织应通过以下方式，确保所有分配有 ISMS 职责的人员具有执行所要求任务的能力：

　　a) 确定从事影响 ISMS 工作的人员所必要的能力；

　　b) 提供培训或采取其他措施（如聘用有能力的人员）以满足这些需求；

　　c) 评价所采取的措施的有效性；

　　d) 保持教育、培训、技能、经历和资格的记录（见 4.3.3）。

　　组织也要确保所有相关人员意识到其信息安全活动的适当性和重要性，以及如何为达到 ISMS 目标做出贡献。

6. 内部 ISMS 审核

　　组织应按照计划的时间间隔进行内部 ISMS 审核，以确定其 ISMS 的控制目标、控制措施、过程和程序是否：

　　a) 符合本标准和相关法律法规的要求；

　　b) 符合已确定的信息安全要求；

　　c) 得到有效地实施和保持；

　　d) 按预期执行。

　　应在考虑拟审核的过程与区域的状况和重要性以及以往审核的结果的情况下，制定审核方案。应确定审核的准则、范围、频次和方法。审核员的选择和审核的实施应确保审核过程的客观性和公正性。审核员不应审核自己的工作。

　　策划和实施审核、报告结果和保持记录（见 4.3.3）的职责和要求应在形成文件的程序中做出规定。

　　负责受审区域的管理者应确保及时采取措施，以消除已发现的不符合及其产生的原因。跟踪活动应包括对所采取措施的验证和验证结果的报告（见第 8 章）。

　　注：GB/T 19011—2003《质量和（或）环境管理体系审核指南》，也可为实施内部 ISMS 审核提供有用的指导。

7. ISMS 的管理评审

7.1　总则

　　管理者应按计划的时间间隔（至少每年 1 次）评审组织的 ISMS，以确保其持续的适宜性、充分性和有效性。评审应包括评估 ISMS 改进的机会和变更的需要，包括信息安全方针和信息安全目标。评审的结果应清晰地形成文件，记录应加以保持（见 4.3.3）。

7.2 评审输入

管理评审的输入应包括：

a）ISMS 审核和评审的结果；

b）相关方的反馈；

c）组织用于改进 ISMS 执行情况和有效性的技术、产品或程序；

d）预防和纠正措施的状况；

e）以往风险评估没有充分强调的脆弱点或威胁；

f）有效性测量的结果；

g）以往管理评审的跟踪措施；

h）可能影响 ISMS 的任何变更；

i）改进的建议。

7.3 评审输出

管理评审的输出应包括与以下方面有关的任何决定和措施：

a）ISMS 有效性的改进；

b）风险评估和风险处理计划的更新；

c）必要时修改影响信息安全的程序和控制措施，以响应内部或外部可能影响 ISMS 的事态，包括以下的变更：

1）业务要求；

2）安全要求；

3）影响现有业务要求的业务过程；

4）法律法规环境；

5）合同义务；

6）风险级别和/或接受风险的准则。

d）资源需求；

e）如何测量控制措施有效性的改进。

8. ISMS 改进

8.1 持续改进

组织应通过使用信息安全方针、安全目标、审核结果、监视事态的分析、纠正和预防措施以及管理评审（见第 7 章），持续改进 ISMS 的有效性。

8.2 纠正措施

组织应采取措施，以消除与 ISMS 要求不符合的原因，以防止再发生。

形成文件的纠正措施程序，应规定以下方面的要求：

    a）识别不符合；

    b）确定不符合的原因；

    c）评价确保不符合不再发生的措施需求；

    d）确定和实施所需要的纠正措施；

    e）记录所采取措施的结果（见4.3.3）；

    f）评审所采取的纠正措施。

8.3 预防措施

组织应确定措施，以消除潜在不符合的原因，防止其发生。预防措施应与潜在问题的影响程度相适应。形成文件的预防措施程序，应规定以下方面的要求：

    a）识别潜在的不符合及其原因；

    b）评价防止不符合发生的措施需求；

    c）确定和实施所需要的预防措施；

    d）记录所采取措施的结果（见4.3.3）；

    e）评审所采取的预防措施。

组织应识别变化的风险，并识别针对重大变化的风险的预防措施的要求。

预防措施的优先级要根据风险评估的结果确定。

注：预防不符合的措施通常比纠正措施更节约成本。

附录 a 控制目标和控制措施
（规范性附录）

表 a.1 所列的控制目标和控制措施是直接引用并与 ISO/IEC 17799:2005
第 5 到 15 章一致。表 a.1 中的清单并不完备，一个组织可能考虑另外必要的
控制目标和控制措施。在这些表中选择控制目标和控制措施是条款 4.2.1 规
定的 ISMS 过程的一部分。

ISO/IEC 17799:2005 第 5 至 15 章提供了最佳实践的实施建议和指南，以
支持 a.5 到 a.15 列出的控制措施。

表 a.1 控制目标和控制措施

a.5 安全方针		
a.5.1 信息安全方针 目标：依据业务要求和相关法律法规提供管理指导并支持信息安全。		
a.5.1.1	信息安全方针文件	控制措施 信息安全方针文件应由管理者批准、发布并传达给所有员工和外部相关方。
a.5.1.2	信息安全方针的评审	控制措施 应按计划的时间间隔或当重大变化发生时进行信息安全方针评审，以确保它持续的适宜性、充分性和有效性。
a.6 信息安全组织		
a.6.1 内部组织 目标：在组织内管理信息安全。		
a.6.1.1	信息安全的管理承诺	控制措施 管理者应通过清晰的说明、可证实的承诺、明确的信息安全职责分配及确认，来积极支持组织内的安全。
a.6.1.2	信息安全协调	控制措施 信息安全活动应由来自组织不同部门并具备相关角色和工作职责的代表进行协调。
a.6.1.3	信息安全职责的分配	控制措施 所有的信息安全职责应予以清晰地定义。
a.6.1.4	信息处理设施的授权过程	控制措施 新信息处理设施应定义和实施一个管理授权过程。

a.6.1.5	保密性协议	控制措施 应识别并定期评审反映组织信息保护需要的保密性或不泄露协议的要求。
a.6.1.6	与政府部门的联系	控制措施 应保持与政府相关部门的适当联系。
a.6.1.7	与特定利益团体的联系	控制措施 应保持与特定利益团体、其他安全专家组和专业协会的适当联系。
a.6.1.8	信息安全的独立评审	控制措施 组织管理信息安全的方法及其实施（例如信息安全的控制目标、控制措施、策略、过程和程序）应按计划的时间间隔进行独立评审，当安全实施发生重大变化时，也要进行独立评审。

a.6.2 外部各方
目标：保持组织的被外部各方访问、处理、管理或与外部进行通信的信息和信息处理设施的安全。

a.6.2.1	与外部各方相关风险的识别	控制措施 应识别涉及外部各方业务过程中组织的信息和信息处理设施的风险，并在允许访问前实施适当的控制措施。
a.6.2.2	处理与顾客有关的安全问题	控制措施 应在允许顾客访问组织信息或资产之前处理所有确定的安全要求。
a.6.2.3	处理第三方协议中的安全问题	控制措施 涉及访问、处理或管理组织的信息或信息处理设施以及与之通信的第三方协议，或在信息处理设施中增加产品或服务的第三方协议，应涵盖所有相关的安全要求。

a.7 资产管理

a.7.1 对资产负责
目标：实现和保持对组织资产的适当保护。

a.7.1.1	资产清单	控制措施 应清晰地识别所有资产，编制并维护所有重要资产的清单。
a.7.1.2	资产责任人	控制措施 与信息处理设施有关的所有信息和资产应由组织的指定部门或人员承担责任①。
a.7.1.3	资产的合格使用	控制措施 与信息处理设施有关的信息和资产使用允许规则应被确定、形成文件并加以实施。

---

① 解释：术语"责任人"是被认可，具有控制生产、开发、保持、使用和资产安全的个人或实体。术语"责任人"不指实际上对资产具有财产权的人。

a.7.2 信息分类 目标：确保信息受到适当级别的保护。		
a.7.2.1	分类指南	控制措施 信息应按照它对组织的价值、法律要求、敏感性和关键性予以分类。
a.7.2.2	信息的标记和处理	控制措施 应按照组织所采纳的分类机制建立和实施一组合适的信息标记和处理程序。
a.8 人力资源安全		
a.8.1 任用①之前 目标：确保雇员、承包方人员和第三方人员理解其职责、考虑对其承担的角色是适合的，以降低设施被窃、欺诈和误用的风险。		
a.8.1.1	角色和职责	控制措施 雇员、承包方人员和第三方人员的安全角色和职责应按照组织的信息安全方针定义并形成文件。
a.8.1.2	审查	控制措施 关于所有任用的候选者、承包方人员和第三方人员的背景验证检查应按照相关法律法规、道德规范和对应的业务要求、被访问信息的类别和察觉的风险来执行。
a.8.1.3	任用条款和条件	控制措施 作为他们合同义务的一部分，雇员、承包方人员和第三方人员应同意并签署他们的任用合同的条款和条件，这些条款和条件要声明他们和组织的信息安全职责。
a.8.2 任用中 目标：确保所有的雇员、承包方人员和第三方人员知悉信息安全威胁和利害关系、他们的职责和义务，并准备好在其正常工作过程中支持组织的安全方针，以减少人为过失的风险。		
a.8.2.1	管理职责	控制措施 管理者应要求雇员、承包方人员和第三方人员按照组织已建立的方针策略和程序对安全尽心尽力。
a.8.2.2	信息安全意识、教育和培训	控制措施 组织的所有雇员，适当时，包括承包方人员和第三方人员，应受到与其工作职能相关的适当的意识培训和组织方针策略及程序的定期更新培训。
a.8.2.3	纪律处理过程	控制措施 对于安全违规的雇员，应有一个正式的纪律处理过程。
a.8.3 任用的终止或变化 目标：确保雇员、承包方人员和第三方人员以一个规范的方式退出一个组织或改变其任用关系。		

---

① 解释：这里的"任用"意指以下不同的情形：人员任用（暂时的或长期的）、工作角色的指定、工作角色的变化、合同的分配及所有这些安排的终止。

信息安全管理实务

a.8.3.1	终止职责	控制措施 任用终止或任用变化的职责应清晰的定义和分配。
a.8.3.2	资产的归还	控制措施 所有的雇员、承包方人员和第三方人员在终止任用、合同或协议时，应归还他们使用的所有组织资产。
a.8.3.3	撤销访问权	控制措施 所有雇员、承包方人员和第三方人员对信息和信息处理设施的访问权应在任用、合同或协议终止时删除，或在变化时调整。
a.9 物理和环境安全		
a.9.1 安全区域 目标：防止对组织场所和信息的未授权物理访问、损坏和干扰。		
a.9.1.1	物理安全边界	控制措施 应使用安全边界（诸如墙、卡控制的入口或有人管理的接待台等屏障）来保护包含信息和信息处理设施的区域。
a.9.1.2	物理入口控制	控制措施 安全区域应由适合的入口控制所保护，以确保只有授权的人员才允许访问。
a.9.1.3	办公室、房间和设施的安全保护	控制措施 应为办公室、房间和设施设计并采取物理安全措施。
a.9.1.4	外部和环境威胁的安全防护	控制措施 为防止火灾、洪水、地震、爆炸、社会动荡和其他形式的自然或人为灾难引起的破坏，应设计和采取物理保护措施。
a.9.1.5	在安全区域工作	控制措施 应设计和运用用于安全区域工作的物理保护和指南。
a.9.1.6	公共访问、交接区安全	控制措施 访问点（例如交接区）和未授权人员可进入办公场所的其他点应加以控制，如果可能，要与信息处理设施隔离，以避免未授权访问。
a.9.2 设备安全 目标：防止资产的丢失、损坏、失窃或危及资产安全以及组织活动的中断。		
a.9.2.1	设备安置和保护	控制措施 应安置或保护设备，以减少由环境威胁和危险所造成的各种风险以及未授权访问的机会。
a.9.2.2	支持性设施	控制措施 应保护设备使其免于由支持性设施的失效而引起的电源故障和其他中断。
a.9.2.3	布缆安全	控制措施 应保证传输数据或支持信息服务的电源布缆和通信布缆免受窃听或损坏。

a.9.2.4	设备维护	控制措施 设备应予以正确地维护，以确保其持续的可用性和完整性。
a.9.2.5	组织场所外的设备安全	控制措施 应对组织场所的设备采取安全措施，要考虑工作在组织场所以外的不同风险。
a.9.2.6	设备的安全处置或再利用	控制措施 包含储存介质的设备的所有项目应进行检查，以确保在销毁之前，任何敏感信息和注册软件已被删除或安全重写。
a.9.2.7	资产的移动	控制措施 设备、信息或软件在授权之前不应带出组织场所。
a.10 通信和操作管理		
a.10.1 操作程序和职责 目标：确保正确、安全的操作信息处理设施。		
a.10.1.1	文件化的操作程序	控制措施 操作程序应形成文件，保持并对所有需要的用户可用。
a.10.1.2	变更管理	控制措施 对信息处理设施和系统的变更应加以控制。
a.10.1.3	责任分割	控制措施 各类责任及职责范围应加以分割，以降低未授权或无意识的修改或者不当使用组织资产的机会。
a.10.1.4	开发、测试和运行设施分离	控制措施 开发、测试和运行设施应分离，以减少未授权访问或改变运行系统的风险。
a.10.2 第三方服务交付管理 目标：实施和保持符合第三方服务交付协议的信息安全和服务交付的适当水准。		
a.10.2.1	服务交付	控制措施 应确保第三方实施、运行和保持包含在第三方服务交付协议中的安全控制措施、服务定义和交付水准。
a.10.2.2	第三方服务的监视和评审	控制措施 应定期监视和评审由第三方提供的服务、报告和记录，审核也应定期。
a.10.2.3	第三方服务的变更管理	控制措施 应管理服务提供的变更，包括保持和改进现有的信息安全方针策略、程序和控制措施，要考虑业务系统和涉及过程的关键程度及风险的再评估。
a.10.3 系统规划和验收 目标：将系统失效的风险降至最小。		
a.10.3.1	容量管理	控制措施 资源的使用应加以监视、调整，并应作出对于未来容量要求的预测，以确保拥有所需的系统性能。

a.10.3.2	系统验收	控制措施 应建立对新信息系统、升级及新版本的验收准则，并且在开发中和验收前对系统进行适当的测试。
a.10.4 防范恶意和移动代码 目标：保护软件和信息的完整性。		
a.10.4.1	控制恶意代码	控制措施 应实施恶意代码的监测、预防和恢复的控制措施，以及适当地提高用户安全意识的程序。
a.10.4.2	控制移动代码	控制措施 当授权使用移动代码时，其配置应确保授权的移动代码按照清晰定义的安全策略运行，应阻止执行未授权的移动代码。
a.10.5 备份 目标：保持信息和信息处理设施的完整性及可用性。		
a.10.5.1	信息备份	控制措施 应按照已设的备份策略，定期备份和测试信息和软件。
a.10.6 网络安全管理 目标：确保网络中信息的安全性并保护支持性的基础设施。		
a.10.6.1	网络控制	控制措施 应充分管理和控制网络，以防止威胁的发生，维护系统和使用网络的应用程序的安全，包括传输中的信息。
a.10.6.2	网络服务的安全	控制措施 安全特性、服务级别以及所有网络服务的管理要求应予以确定并包括在所有网络服务协议中，无论这些服务是由内部提供的还是外包的。
a.10.7 介质处置 目标：防止资产遭受未授权泄露、修改、移动或销毁以及业务活动的中断。		
a.10.7.1	可移动介质的管理	控制措施 应有适当的可移动介质的管理程序。
a.10.7.2	介质的处置	控制措施 不再需要的介质，应使用正式的程序可靠并安全地处置。
a.10.7.3	信息处理程序	控制措施 应建立信息的处理及存储程序，以防止信息的未授权的泄漏或不当使用。
a.10.7.4	系统文件安全	控制措施 应保护系统文件以防止未授权的访问。
a.10.8 信息的交换 目标：保持组织内信息和软件交换及与外部组织信息和软件交换的安全。		
a.10.8.1	信息交换策略和程序	控制措施 应有正式的交换策略、程序和控制措施，以保护通过使用各种类型通信设施的信息交换。

a.10.8.2	交换协议	控制措施 应建立组织与外部团体交换信息和软件的协议。
a.10.8.3	运输中的物理介质	控制措施 包含信息的介质在组织的物理边界以外运送时，应防止未授权的访问、不当使用或毁坏。
a.10.8.4	电子消息发送	控制措施 包含在电子消息发送中的信息应给予适当的保护。
a.10.8.5	业务信息系统	控制措施 应建立并实施策略和程序，以保护与业务信息系统互联相关的信息。
a.10.9 电子商务服务 目标：确保电子商务服务的安全及其安全使用。		
a.10.9.1	电子商务	控制措施 包含在使用公共网络的电子商务中的信息应受保护，以防止欺诈活动、合同争议和未授权的泄露和修改。
a.10.9.2	在线交易	控制措施 包含在在线交易中的信息应受保护，以防止不完全传输、错误路由、未授权的消息篡改、未授权的泄露、未授权的消息复制或重放。
a.10.9.3	公共可用信息	控制措施 在公共可用系统中可用信息的完整性应受保护，以防止未授权的修改。
a.10.10 监视 目标：检测未经授权的信息处理活动。		
a.10.10.1	审核日志	控制措施 应产生记录用户活动、异常和信息安全事态的审核日志，并要保持一个已设的周期以支持将来的调查和访问控制监视。
a.10.10.2	监视系统的使用	控制措施 应建立信息处理设施的监视使用程序，监视活动的结果要经常评审。
a.10.10.3	日志信息的保护	控制措施 记录日志的设施和日志信息应加以保护，以防止篡改和未授权的访问。
a.10.10.4	管理员和操作员日志	控制措施 系统管理员和系统操作员活动应记入日志。
a.10.10.5	故障日志	控制措施 故障应被记录、分析，并采取适当的措施。
a.10.10.6	时钟同步	控制措施 一个组织或安全域内的所有相关信息处理设施的时钟应使用已设的精确时间源进行同步。

a.11 访问控制		
a.11.1 访问控制的业务要求 目标：控制对信息的访问。		
a.11.1.1	访问控制策略	**控制措施** 访问控制策略应建立、形成文件，并基于业务和访问的安全要求进行评审。
a.11.2 用户访问管理 目标：确保授权用户访问信息系统，并防止未授权的访问。		
a.11.2.1	用户注册	**控制措施** 应有正式的用户注册及注销程序，来授权和撤销对所有信息系统及服务的访问。
a.11.2.2	特殊权限管理	**控制措施** 应限制和控制特殊权限的分配及使用。
a.11.2.3	用户口令管理	**控制措施** 应通过正式的管理过程控制口令的分配。
a.11.2.4	用户访问权的复查	**控制措施** 管理者应定期使用正式过程对用户的访问权进行复查。
a.11.3 用户职责 目标：防止未授权用户对信息和信息处理设施的访问、危害或窃取。		
a.11.3.1	口令使用	**控制措施** 应要求用户在选择及使用口令时，遵循良好的安全习惯。
a.11.3.2	无人值守的用户设备	**控制措施** 用户应确保无人值守的用户设备有适当的保护。
a.11.3.3	清空桌面和屏幕策略	**控制措施** 应采取清空桌面上文件、可移动存储介质的策略和清空信息处理设施屏幕的策略。
a.11.4 网络访问控制 目标：防止对网络服务的未授权访问。		
a.11.4.1	使用网络服务的策略	**控制措施** 用户应仅能访问已获专门授权使用的服务。
a.11.4.2	外部连接的用户鉴别	**控制措施** 应使用适当的鉴别方法以控制远程用户的访问。
a.11.4.3	网络上的设备标识	**控制措施** 应考虑自动设备标识，将其作为鉴别特定位置和设备连接的方法。
a.11.4.4	远程诊断和配置端口的保护	**控制措施** 对于诊断和配置端口的物理和逻辑访问应加以控制。
a.11.4.5	网络隔离	**控制措施** 应在网络中隔离信息服务、用户及信息系统。

续前表

a.11.4.6	网络连接控制	**控制措施** 对于共享的网络，特别是越过组织边界的网络，用户的联网能力应按照访问控制策略和业务应用要求加以限制（见 11.1）。
a.11.4.7	网络路由控制	**控制措施** 应在网络中实施路由控制，以确保计算机连接和信息流不违反业务应用的访问控制策略。

a.11.5 操作系统访问控制
目标：防止对操作系统的未授权访问。

a.11.5.1	安全登录程序	**控制措施** 访问操作系统应通过安全登录程序加以控制评审。
a.11.5.2	用户标识和鉴别	**控制措施** 所有用户应有唯一的、专供其个人使用的标识符（用户 ID），应选择一种适当的鉴别技术证实用户所宣称的身份。
a.11.5.3	口令管理系统	**控制措施** 口令管理系统应是交互式的，并应确保优质的口令。
a.11.5.4	系统实用工具的使用	**控制措施** 可能超越系统和应用程序控制的实用工具的使用应加以限制并严格控制。
a.11.5.5	会话超时	**控制措施** 不活动会话应在一个设定的休止期后关闭。
a.11.5.6	联机时间的限定	**控制措施** 应使用联机时间的限制，为高风险应用程序提供额外的安全。

a.11.6 应用和信息访问控制
目标：防止对应用系统中信息的未授权访问。

a.11.6.1	信息访问限制	**控制措施** 用户和支持人员对信息和应用系统功能的访问应依照已确定的访问控制策略加以限制。
a.11.6.2	敏感系统隔离	**控制措施** 敏感系统应有专用的（隔离的）运算环境。

a.11.7 移动计算和远程工作
目标：确保使用可移动计算和远程工作设施时的信息安全。

a.11.7.1	移动计算和通信	**控制措施** 应有正式策略并且采用适当的安全措施，以防范使用移动计算和通信设施时所造成的风险。
a.11.7.2	远程工作	**控制措施** 应为远程工作活动开发和实施策略、操作计划和程序。

a.12 信息系统获取、开发和维护

信息安全管理实务

续前表

a.12.1信息系统的安全要求 目标：确保安全是信息系统的一个有机组成部分。		
a.12.1.1	安全要求分析和说明	控制措施 在新的信息系统或增强已有信息系统的业务要求陈述中，应规定对安全控制措施的要求。
a.12.2应用中的正确处理 目标：防止应用系统中的信息的错误、遗失、未授权的修改及误用。		
a.12.2.1	输入数据验证	控制措施 输入应用系统的数据应加以验证，以确保数据是正确且恰当的。
a.12.2.2	内部处理的控制	控制措施 验证检查应整合到应用中，以检查由于处理的错误或故意的行为造成的信息的讹误。
a.12.2.3	消息完整性	控制措施 应用中的确保真实性和保护消息完整性的要求应得到识别，适当的控制措施也应得到识别并实施。
a.12.2.4	输出数据验证	控制措施 从应用系统输出的数据应加以验证，以确保对所存储信息的处理是正确的且适于环境的。
a.12.3密码控制 目标：通过密码方法保护信息的保密性、真实性或完整性。		
a.12.3.1	使用密码控制的策略	控制措施 应开发和实施使用密码控制措施来保护信息的策略。
a.12.3.2	密钥管理	控制措施 应有密钥管理以支持组织使用密码技术。
a.12.4系统文件的安全 目标：确保系统文件的安全。		
a.12.4.1	运行软件的控制	控制措施 应有程序来控制在运行系统上安装软件。
a.12.4.2	系统测试数据的保护	控制措施 测试数据应认真地加以选择、保护和控制。
a.12.4.3	对程序源代码的访问控制	控制措施 应限制访问程序源代码。
a.12.5开发和支持过程中的安全 目标：维护应用系统软件和信息的安全。		
a.12.5.1	变更控制程序	控制措施 应使用正式的变更控制程序控制变更的实施。
a.12.5.2	操作系统变更后应用的技术评审	控制措施 当操作系统发生变更后，应对业务的关键应用进行评审和测试，以确保对组织的运行和安全没有负面影响。

a.12.5.3	软件包变更的限制	控制措施 应对软件包的修改进行劝阻，限制必要的变更，且对所有的变更加以严格控制。
a.12.5.4	信息泄露	控制措施 应防止信息泄露的可能性。
a.12.5.5	外包软件开发	控制措施 组织应管理和监视外包软件的开发。
a.12.6 技术脆弱性管理 目标：降低利用公布的技术脆弱性导致的风险。		
a.12.6.1	技术脆弱性的控制	控制措施 应及时得到现用信息系统技术脆弱性的信息，评价组织对这些脆弱性的暴露程度，并采取适当的措施来处理相关的风险。
a.13 信息安全事件管理		
a.13.1 报告信息安全事态和弱点 目标：确保与信息系统有关的信息安全事态和弱点能够以某种方式传达，以便及时采取纠正措施。		
a.13.1.1	报告信息安全事态	控制措施 信息安全事态应该尽可能快地通过适当的管理渠道进行报告。
a.13.1.2	报告安全弱点	控制措施 应要求信息系统和服务的所有雇员、承包方人员和第三方人员记录并报告他们观察到的或怀疑的任何系统或服务的安全弱点。
a.13.2 信息安全事件和改进的管理 目标：确保采用一致和有效的方法对信息安全事件进行管理。		
a.13.2.1	职责和程序	控制措施 应建立管理职责和程序，以确保能对信息安全事件做出快速、有效和有序的响应。
a.13.2.2	对信息安全事件的总结	控制措施 应有一套机制量化和监视信息安全事件的类型、数量和代价。
a.13.2.3	证据的收集	控制措施 当一个信息安全事件涉及到诉讼（民事的或刑事的），需要进一步对个人或组织进行起诉时，应收集、保留和呈递证据，以使证据符合相关诉讼管辖权。
a.14 业务连续性管理		
a.14.1 业务连续性管理的信息安全方面 目标：防止业务活动中断，保护关键业务过程免受信息系统重大失误或灾难的影响，并确保它们的及时恢复。		

a.14.1.1	业务连续性管理过程中包含的信息安全	控制措施 应为贯穿于组织的业务连续性开发和保持一个管理过程，以解决组织的业务连续性所需的信息安全要求。
a.14.1.2	业务连续性和风险评估	控制措施 应识别能引起业务过程中断的事态，这种中断发生的概率和影响，以及它们对信息安全所造成的后果。
a.14.1.3	制定和实施包含信息安全的连续性计划	控制措施 应制定和实施计划来保持或恢复运行，以在关键业务过程中断或失败后能够在要求的水平和时间内确保信息的可用性。
a.14.1.4	业务连续性计划框架	控制措施 应保持一个唯一的业务连续性计划框架，以确保所有计划是一致的，能够协调地解决信息安全要求，并为测试和维护确定优先级。
a.14.1.5	测试、维护和再评估业务连续性计划	控制措施 业务连续性计划应定期测试和更新，以确保其及时性和有效性。

a.15 符合性

a.15.1 符合法律要求
目标：避免违反任何法律、法令、法规或合同义务，以及任何安全要求。

a.15.1.1	可用法律的识别	控制措施 对每一个信息系统和组织而言，所有相关的法令、法规和合同要求，以及为满足这些要求组织所采用的方法，应加以明确地定义、形成文件并保持更新。
a.15.1.2	知识产权（IPR）	控制措施 应实施适当的程序，以确保在使用具有知识产权的材料和具有所有权的软件产品时，符合法律、法规和合同的要求。
a.15.1.3	保护组织的记录	控制措施 应防止重要的记录遗失、毁坏和伪造，以满足法令、法规、合同和业务的要求。
a.15.1.4	数据保护和个人信息的隐私	控制措施 应依照相关的法律、法规和合同条款的要求，确保数据保护和隐私。
a.15.1.5	防止滥用信息处理设施	控制措施 应禁止用户使用信息处理设施用于未授权的目的。
a.15.1.6	密码控制措施的规则	控制措施 使用密码控制措施应遵从相关的协议、法律和法规。

a.15.2 符合安全策略和标准以及技术符合性
目标：确保系统符合组织的安全策略及标准。

a.15.2.1	符合安全策略和标准	控制措施 管理人员应确保在其职责范围内的所有安全程序被正确地执行，以确保符合安全策略及标准。
a.15.2.2	技术符合性检查	控制措施 信息系统应被定期检查是否符合安全实施标准。
a.15.3 信息系统审核考虑 目标：将信息系统审核过程的有效性最大化，干扰最小化。		
a.15.3.1	信息系统审核控制措施	控制措施 涉及对运行系统检查的审核要求和活动，应谨慎地加以规划并取得批准，以便最小化造成业务过程中断的风险。
a.15.3.2	信息系统审核工具的保护	控制措施 对于信息系统审核工具的访问应加以保护，以防止任何可能的滥用或损害。

附录 b　OECD 原则和本标准

（资料性附录）

在 OECD 信息系统和网络安全指南中给出的原则适用于治理信息系统和网络安全的所有方针和操作层。本标准提供信息安全管理体系框架，通过使用 PDCA 模型以及 4、5、6 和 8 所述的过程，来实现的某些 OECD 原则，如表 b.1 所示。

表 b.1　OECD 原则 和 PDCA 模型

OECD 原则	相应的 ISMS 过程和 PDCA 模型
意识 参与者应知悉信息系统和网络的安全需求，并知悉在提高信息安全方面，他们能够做些什么。	本活动是实施（Do）阶段的一部分（见 4.2.2 和 5.2.2）。
责任 所有参与者对信息系统和网络的安全都有责任。	本活动是实施（Do）阶段的一部分（见 4.2.2 和 5.1）。
响应 参与者对安全事故应以及时的和合作的方式进行预防、检测和响应。	这是检查（Check）阶段的监视活动（见 4.2.3 和 6 到 7.3）和处置（Act）阶段的响应活动（见 4.2.4 和 8.1 到 8.3）的一部分。这也涵盖于规划（Plan）和检查（Check）阶段中的某些方面。
风险评估 参与者应进行风险评估。	本活动是规划（Plan）阶段的一部分（见 4.2.1），而风险再评估是检查（Check）阶段的一部分（见 4.2.3 和 6 到 7.3）。
安全设计与实施 参与者应把安全作为信息系统和网络的基本要素。	一旦风险评估完成，就要为风险的处理选择控制措施作为规划（Plan）阶段的一部分（见 4.2.1）。然后，在实施（Do）阶段（见 4.2.2 和 5.2）包含这些控制措施的实施和运行使用。
安全管理 参与者应采用综合的方法进行安全管理。	风险的管理是一种包括预防、检测与响应事故、日常维护、评审和审核的过程。所有这些方面包含于规划（Plan）、实施（Do）、检查（Check）和处置（Act）阶段。
再评估 参与者应评审和再次评估信息系统和网络的安全，并适当改进安全策略、实践、措施和程序。	信息安全的再评估是检查（Check）阶段的一部分（见 4.2.3 和 6 到 7.3）。这里，应经常进行评审以检查信息安全管理体系的有效性。改进安全是处置（Act）阶段的一部分（见 4.2.4 和 8.1 到 8.3）。

附录 c ISO 9001:2000，ISO 14001:2004 和本标准之间的对照
（资料性附录）

表 c.1 显示了 ISO 9001:2000、ISO 14001:2004 和本标准之间的对应关系。

表 c.1 ISO 9001:2000、ISO 14001:2004 和本标准之间的对应关系

本标准	ISO 9001:2000	ISO 14001:2004
0 引言	0 引言	引言
0.1 总则	0.1 总则	
0.2 过程方法	0.2 过程方法	
	0.3 与 ISO 9004 的关系	
0.3 与其他管理体系的兼容性	0.4 与其他管理体系的兼容性	
1 范围	1 范围	1 范围
1.1 总则	1.1 总则	
1.2 应用	1.2 应用	
2 规范性引用文件	2 规范性引用文件	2 规范性引用文件
3 术语和定义	3 术语和定义	3 术语和定义
4 信息安全管理体系	4 质量管理体系	4 EMS 要求
4.1 总要求	4.1 总要求	4.1 总要求
4.2 建立和管理 ISMS		
4.2.1 建立 ISMS		
4.2.2 实施和运行 ISMS		4.4 实施和运行
4.2.3 监视和评审 ISMS	8.2.3 过程的监视和测量	4.5.1 监视和测量
	8.2.4 产品的监视和测量	
4.2.4 保持和改进 ISMS		4.5.2 不合格和纠正与预防措施
4.3 文件要求	4.2 文件要求	
4.3.1 总则	4.2.1 总则	
	4.2.2 质量手册	
4.3.2 文件控制	4.2.3 文件控制	4.4.5 文件控制
4.3.3 记录控制	4.2.4 记录控制	4.5.4 记录控制

续前表

本标准	ISO 9001:2000	ISO 14001:2004
5 管理职责 5.1 管理承诺	5 管理职责 5.1 管理承诺 5.2 以顾客为中心 5.3 质量策略 5.4 策划 5.5 职责、权限和沟通	4.2 环境策略 4.3 策划
5.2 资源管理 5.2.1 资源提供 5.2.2 培训、意识和能力	6 资源管理 6.1 资源提供 6.2 人力资源 6.2.2 能力、意识和培训 6.3 基础设施 6.4 工作环境	4.4.2 能力、培训和意识
6 内部 ISMS 审核	8.2.2 内部审核	4.5.5 内部审核
7 ISMS 的管理评审 7.1 总则 7.2 评审输入 7.3 评审输出	5.6 管理评审 5.6.1 总则 5.6.2 评审输入 5.6.3 评审输出	4.6 管理评审
8 ISMS 改进 8.1 持续改进 8.2 纠正措施 8.3 预防措施	8 改进 8.5.1 持续改进 8.5.2 纠正行动 8.5.3 预防行动	4.5.3 不合格和纠正与预防行动
附录 a 控制目标和控制措施 附录 b OECD 原则和本标准 附录 c ISO 9001:2000、ISO 14001:2004 和本标准之间的对照	附录 a ISO 14001:1996 和 ISO 9001:2000 之间的关联	附录 a 本标准使用指南 附录 b ISO 14001:2004 和 ISO 9001:2000 之间的关联

参考书目

标准出版物

1. ISO 9001：2000，质量管理体系 要求.

2. ISO/IEC 13335—1：2004，信息技术 安全技术 信息和通信技术安全管理—第 1 部分：管理和规划 ICT 安全的概念和模型.

3. ISO/IEC TR 13335—3：1998，信息技术 IT 安全管理指南—第 3 部分：IT 安全管理技术.

4. ISO/IEC TR 13335—4：2000，信息技术 IT 安全管理指南—第 4 部分：防护措施的选择.

5. ISO 14001：2004，环境管理体系—要求和使用指南.

6. ISO/IEC TR 18044：2004，信息技术 安全技术—信息安全事件管理.

7. ISO 19011：2002，质量和/或环境管理体系审核指南.

8. ISO/IEC 指南 62：1996，从事质量体系的评估和认证/注册的机构的通用要求.

9. ISO/IEC 指南 73：2002，风险管理 术语 标准使用指南.

其他出版物

1. OECD，OECD 信息系统和网络安全指南—面向安全的文化. 巴黎：OECD，2002 年 7 月. www.oecd.org.

2. NIST SP 800—30，"信息技术系统的风险管理指南".

3. Deming W. E.，Out of the crisis，剑桥，Mass：MIT，高级工程研究中心，1986.